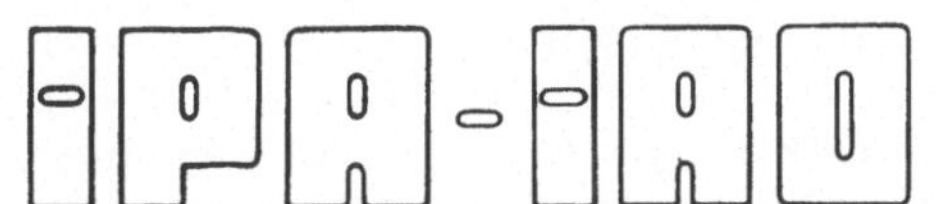

IPA-IAO
Forschung und Praxis

Band 186

Berichte aus dem
Fraunhofer-Institut für Produktionstechnik
und Automatisierung (IPA), Stuttgart,
Fraunhofer-Institut für Arbeitswirtschaft
und Organisation (IAO), Stuttgart,
Institut für Industrielle Fertigung und
Fabrikbetrieb der Universität Stuttgart und
Institut für Arbeitswissenschaft und
Technologiemanagement, Universität Stuttgart

Herausgeber: H. J. Warnecke und H.-J. Bullinger

Renate Mayer

Ein rechnerunterstütztes System für die technische Dokumentation und Übersetzung

Mit 59 Abbildungen

Springer-Verlag
Berlin Heidelberg New York
London Paris Tokyo
Hong Kong Barcelona
Budapest 1993

Dipl.-Inform. R. Mayer

Fraunhofer-Institut für Arbeitswirtschaft und Organisation (IAO), Stuttgart

Prof. Dr.-Ing. Dr. h. c. Dr.-Ing. E. h. H. J. Warnecke

o. Professor an der Universität Stuttgart
Fraunhofer-Institut für Produktionstechnik und Automatisierung (IPA), Stuttgart

Prof. Dr.-Ing. habil. Dr. h. c. H.-J. Bullinger

o. Professor an der Universität Stuttgart
Fraunhofer-Institut für Arbeitswirtschaft und Organisation (IAO), Stuttgart

D 93

ISBN 978-3-540-57409-5   ISBN 978-3-642-47883-3 (eBook)
DOI 10.1007/ 978-3-642-47883-3

Gesamtherstellung: Copydruck GmbH, Heimsheim
62/3020−6 5 4 3 2 1 0

Geleitwort der Herausgeber

Über den Erfolg und das Bestehen von Unternehmen in einer markt-
wirtschaftlichen Ordnung entscheidet letztendlich der Absatzmarkt.
Das bedeutet, möglichst frühzeitig absatzmarktorientierte Anforderungen sowie deren Veränderungen zu erkennen und darauf zu reagieren.

Neue Technologien und Werkstoffe ermöglichen neue Produkte und er-
öffnen neue Märkte. Die neuen Produktions- und Informationstechno-
logien verwandeln signifikant und nachhaltig unsere industrielle
Arbeitswelt. Politische und gesellschaftliche Veränderungen signa-
lisieren und begleiten dabei einen Wertewandel, der auch in unse-
ren Industriebetrieben deutlichen Niederschlag findet.

Die Aufgaben des Produktionsmanagements sind vielfältiger und an-
spruchsvoller geworden. Die Integration des europäischen Marktes,
die Globalisierung vieler Industrien, die zunehmende Innovations-
geschwindigkeit, die Entwicklung zur Freizeitgesellschaft und die
übergreifenden ökologischen und sozialen Probleme, zu deren Lösung
die Wirtschaft ihren Beitrag leisten muß, erfordern von den Füh-
rungskräften erweiterte Perspektiven und Antworten, die über den
Fokus traditionellen Produktionsmanagements deutlich hinausgehen.

Neue Formen der Arbeitsorganisation im indirekten und direkten
Bereich sind heute schon feste Bestandteile innovativer Unternehmen. Die Entkopplung der Arbeitszeit von der Betriebszeit, integrierte Planungsansätze sowie der Aufbau dezentraler Strukturen
sind nur einige der Konzepte, die die aktuellen Entwicklungsrich-
tungen kennzeichnen. Erfreulich ist der Trend, immer mehr den Menschen in den Mittelpunkt der Arbeitsgestaltung zu stellen - die
traditionell eher technokratisch akzentuierten Ansätze weichen einer stärkeren Human- und Organisationsorientierung. Qualifizie-
rungsprogramme, Training und andere Formen der Mitarbeiterent-
wicklung gewinnen als Differenzierungsmerkmal und als Zukunftsin-
vestition in *Human Recources* an strategischer Bedeutung.

Von wissenschaftlicher Seite muß dieses Bemühen durch die Entwicklung von Methoden und Vorgehensweisen zur systematischen
Analyse und Verbesserung des Systems Produktionsbetrieb ein-
schließlich der erforderlichen Dienstleistungsfunktionen unterstützt werden. Die Ingenieure sind hier gefordert, in enger Zusammenarbeit mit anderen Disziplinen, z.B. der Informatik, der Wirt-
schaftswissenschaften und der Arbeitswissenschaft, Lösungen zu erarbeiten, die den veränderten Randbedingungen Rechnung tragen.

Die von den Herausgebern geleiteten Institute, das

- Institut für Industrielle Fertigung und Fabrikbetrieb der
  Universität Stuttgart (IFF),

- Institut für Arbeitswissenschaft und Technologiemanagement (IAT)

- Fraunhofer-Institut für Produktionstechnik und Automatisierung
  (IPA),

- Fraunhofer-Institut für Arbeitswirtschaft und Organisation (IAO)

arbeiten in grundlegender und angewandter Forschung intensiv an
den oben aufgezeigten Entwicklungen mit. Die Ausstattung der
Labors und die Qualifikation der Mitarbeiter haben bereits in der
Vergangenheit zu Forschungsergebnissen geführt, die für die Praxis
von großem Wert waren. Zur Umsetzung gewonnener Erkenntnisse wird
die Schriftenreihe "IPA-IAO - Forschung und Praxis" herausgegeben.
Der vorliegende Band setzt diese Reihe fort. Eine Übersicht über
bisher erschienene Titel wird am Schluß dieses Buches gegeben.

Dem Verfasser sei für die geleistete Arbeit gedankt, dem Springer-
Verlag für die Aufnahme dieser Schriftenreihe in seine Angebots-
palette und der Druckerei für saubere und zügige Ausführung. Möge
das Buch von der Fachwelt gut aufgenommen werden.

                            H.J. Warnecke   H.-J. Bullinger

Vorwort

Die vorliegende Arbeit entstand während meiner Tätigkeit als wissenschaftliche Mitarbeiterin am Institut für Arbeitswissenschaft und Technologiemanagement (IAT) der Universität Stuttgart und am Fraunhofer-Institut für Arbeitswirtschaft und Organisation (IAO), Stuttgart.

Mein besonderer Dank gilt Herrn Prof. Dr.-Ing. habil. Dr. h.c. Prof. e.h. H.-J. Bullinger, Direktor des Instituts für Arbeitswissenschaft und Technologiemanagement (IAT) der Universität Stuttgart und Leiter des Fraunhofer-Instituts für Arbeitswirtschaft und Organisation (IAO), für seine wohlwollende Unterstützung und Förderung der Arbeit.

Herrn Prof. Dr.-Ing. R. Rühle, wissenschaftlicher Direktor des Rechenzentrums und Direktor des Instituts für Computeranwendungen (ICA II) der Universität Stuttgart danke ich für die Übernahme des Mitberichtes dieser Arbeit.

Allen Kolleginnen und Kollegen des Instituts, die mich durch kritische Anregungen und Diskussionsbereitschaft bei der Erarbeitung dieser Dissertation unterstützt haben sowie den Studentinnen und Studenten, die bei der Implementierung der Arbeit tatkräftig mitgewirkt haben, danke ich ebenfalls. Dieser Dank gilt insbesondere Dr.-Ing. K.-P. Fähnrich für seine kreativen Vorschläge und organisatorische Unterstützung der Arbeit.

Mein ganz besonderer Dank geht an meinen Mann Gerhard, der mir durch sein Verständnis und seine geduldige Unterstützung eine große Hilfe war. Meinen Eltern danke ich an dieser Stelle für ihre Unterstützung in allen Phasen der Arbeit.

Stuttgart, im Juli 1993

Renate Mayer

Inhaltsverzeichnis

Seite

Verwendete Größen und Abkürzungen

Adj	Adjektiv
Adv	Adverb
ar	arabisch
AU	Österreich
BDÜ	Bund Deutscher Übersetzer
C	Cluster
CASE	Computer Aided Software Engineering
CAT	Computer Aided Translation
CD-ROM	Compact Disk - Read Only Memory
CH	Schweiz
CompN	Komplexes, zusammengesetztes Nomen
C_r	Clusterrepräsentant
CSCW	Computer Supported Cooperative Work
DB	Datenbank
DBMS	Datenbank-Management-System
D	Deskriptor
DE	Deutschland
$\mathcal{D}$	Dokumentenraum
de	deutsch
D_i	Dokument i
DM	Direkte Manipulation
DTP	Desktop Publishing
EG	Europäische Gemeinschaften
ER	Entity-Relationship
E	Spanien
en	englisch
es	spanisch
F	Frankreich
fr	französisch
g_i	Gewicht des Dokumentes i
IR	Information Retrieval
IRS	Information Retrieval System
IS	Informationssystem
ISDN	Integrated services digital network
it	italienisch
LAN	Local Area Network

Me	Mexiko
MT	Machine Translation
MÜ	Maschinelle Übersetzung
N	Nomen
Nf	Nomen femininum
Nfpl	Nomen femininum plural
nl	niederländisch
Nm	Nomen maskulinum
Nmpl	Nomen maskulinum plural
Nn	Nomen neutrum
Nnpl	Nomen neutrum plural
OCR	Optical Character Recognition
OSF	Open Software Foundation
PC	Personal Computer
pt	portugiesisch
RDBMS	relationales Datenbank-Management-System
RPC	Remote Procedure Call
ru	russisch
$s(D_{ij})$	Maß für die Ähnlichkeit der Dokumente i und j
SGML	Standard Generalized Mark-up Language
SQL	Sequel Query Language
TCP/IP	Transmission Control Protocol/Internet Protocol
TDB	Terminologie-Datenbank
UIMS	User Interface Management System
UITA	Union of International Technical Associations
UK	Vereinigtes Königreich Grossbritannien
US	Vereinigte Staaten von Amerika
Ve	Venezuela
Vi	intransitives Verb
Vt	transitives Verb
WB	Wörterbuch
WHO	World Health Organisation
WORM	Write Once Read Many
ZSD	Zentrale Sprachendienste

1.   Einleitung

Die Aufgabe der technischen Dokumentation liegt nicht nur in der schnellen und gleichzeitig qualitativ hochwertigen Erstellung von technischen Dokumenten, sie muß darüberhinaus die Übersetzung dieser Dokumente bewerkstelligen. Der Bedarf an übersetzten Texten wie Handbüchern oder Produktbeschreibungen wächst ständig. 1986 wurden laut Schneider /78/ allein in Westeuropa über 100 Millionen Textseiten übersetzt, bis zum Jahr 2000 wird mit einem Anstieg auf 1,9 Milliarden Seiten gerechnet. Dieser erhöhte Übersetzungsbedarf liegt sowohl in den kürzer werdenden Innovationszyklen moderner Produkte, in der Ausweitung der Produktpalette durch zunehmende Varianten- und Funktionsvielfalt als auch in der zunehmenden Komplexität der Güter begründet.

Allein in der EG gibt es neun verschiedene Amtssprachen und der gemeinsame Europäische Binnenmarkt verschärft das Problem der Übersetzung noch. Wollen exportorientierte Unternehmen konkurrenzfähig bleiben, müssen sie sich mit dem Thema Übersetzung auseinandersetzen. Aber die Abteilungen für technische Dokumentation und Übersetzung führen meist ein Schattendasein innerhalb des Unternehmens und werden als kostenproduzierendes, notwendiges Übel angesehen. Doch heute rückt die technische Dokumentation stärker in den Vordergrund und wird, laut McKinsey (vgl. /64/), zu einem immer bedeutsameren Wettbewerbsfaktor. Für einen Hersteller kann sechs Monate Lieferverzug aufgrund nicht vorhandener Dokumentation bis zu 33% Umsatzeinbuße bedeuten. Die Erfahrung der Unternehmensberater lautet, daß im magischen Dreieck Qualität, Kosten und Zeiten die Einhaltung von Terminen wichtiger ist als die Einhaltung projektierter Kosten. Die Gefahr ist groß, daß in der Zeit, in der die Dokumentation erstellt und übersetzt wird, die Konkurrenz den Markt erobert (vgl. /64/).

Das neue Produkthaftungsgesetz /61/ und die EG-weite Einführung einer scharfen Produkthaftung fordert von der Industrie eine Informationspflicht dem Kunden gegenüber ein (vgl. Bartsch /3/). Dadurch erwächst auch aus der technischen Dokumentation heraus ein erhöhtes Haftungsrisiko für Unternehmen, die auch eine entsprechende Terminologiearbeit erforderlich macht (vgl. Freibott /33/). Eine gute Produktdokumentation setzt eine präzise, verständliche und fachspezifische Terminologie voraus.

Die wichtigsten Anforderungen von Unternehmen an die technische Dokumentation und Übersetzung sind, in der Reihenfolge ihrer Relevanz, schnell, kostengünstig und korrekt Texte zu liefern.

- Geschwindigkeit: Für die rasche Erstellung eines Dokumentes und seiner Übersetzung werden Abstriche bei der Qualität gemacht und hohe Kosten in Kauf genommen. Oft geschieht die Anfertigung einer Übersetzung in Akkordarbeit, da die Dokumentenerstellung und -übersetzung der letzte Schritt im Produktentwicklungsprozeß ist und alle Verzögerungen der vorherigen Produktentwicklungsphasen aufgefangen werden müssen.

- Kosten: Die Kosten, die bei der Erstellung, Verwaltung und Übersetzung von Dokumenten anfallen, werden häufig unterschätzt. Sie machen laut Hallensleben /37/ nach den Personalkosten den zweitgrößten Ausgabefaktor eines Unternehmens aus. Bis zu 7% des Umsatzes fließen in die Dokumentenverarbeitung. Der Computerhersteller IBM gibt für die Dokumentation bis zu 10$ pro erstelltes und übersetztes Wort aus /63/.

- Korrektheit: Regeln und Normen /22/ wie z.B. das Produkthaftungsgesetz /61/ bestimmen Inhalt und Qualität der Dokumentation und regeln entstandene Schadensfälle. Es liegen Urteile verschiedener Gerichte vor, durch die Unternehmen nicht nur bei nicht vorhandener Produktdokumentation sondern auch bei fehlerhafter und unzureichender Dokumentation für Schäden aufkommen müssen (vgl. Noack /60/). Unternehmen sind darüberhinaus dazu verpflichtet, Waren, die exportiert werden, eine Produktbeschreibung in der jeweiligen Landessprache beizulegen.

Diese Situation macht eine breite Unterstützung der technischen Dokumentation und Übersetzung notwendig, um den Engpaß Dokumentation zu überwinden. Da die technischen Redakteure und Übersetzer keine Fachexperten sind, müssen sie sich vor der Erstellung eines Dokumentes in den jeweiligen Fachgebieten Expertise und die entsprechende Terminologie aneignen.

Im Zentrum der vorliegenden Arbeit steht die Entwicklung und Implementation eines flexiblen, maschinellen Unterstützungssystems für technische Übersetzer und Redakteure. Das System unterstützt die Einarbeitung in ein Fachgebiet und dessen Terminologie, verwaltet Terminologien und erlaubt ihre Manipulation.

2. Zielsetzung und Vorgehensweise

Das Ziel dieser Arbeit ist es, ein computergestütztes System für technische
Redakteure und Übersetzer zu schaffen, das die Erstellung technischer Dokumente effizienter und kostengünstiger gestaltet. Da die Erarbeitung von
Terminologien sowie das Nachschlagen nach Fachbegriffen komplex und zeit-
intensiv ist, steht im Zentrum dieses Systems ein Werkzeug, das die terminologischen Daten verwaltet und kontrolliert. Ausgehend von einer Betrachtung
der inhaltlichen Anforderungen an ein solches System und einer Untersuchung der existierenden Arbeitsumgebung wird eine Methode entwickelt,
die die Einarbeitung in die Terminologie eines neuen Fachgebiets erleichtert
und die Terminologiearbeit verbessert.

Die heute eingesetzten Arbeitsmittel für Terminologie sind herkömmliche
oder auch elektronische Wörterbücher. Ein elektronisches Wörterbuch, auch
Termbank genannt, (vgl. auch Kap. 3.3.1) enthält Daten zur Form (Syntax)
und zum Inhalt (Definition) von Fachbegriffen sowie fremdsprachliche Äquivalente. Hintergrundinformation, die zur Einarbeitung in das Arbeitsgebiet
notwendig ist, wird nicht angeboten. In diesem Fall sind die Benutzer auf
Fachbücher angewiesen. In der hier vorgestellten Arbeit wird ein erweitertes
Terminologiesystem erarbeitet, das Übersetzern und Dokumentaren Hintergrundinformation anbietet und die Erschließung der Terminologie eines Fachgebiets ermöglicht. Abbildung 2.1 umreißt den Aufbau des angestrebten Zielsystems.

2.1 Zielsetzung der Arbeit

Folgende Teilziele präzisieren das oben genannte, globale Ziel:
* Entwicklung eines Architekturmodells für terminologische Daten, das alle
  notwendigen Informationskategorien berücksichtigt und im besonderen
  terminologische Hintergrundinformation beinhaltet;
* Entwicklung einer Methode, die die Konsistenzerhaltung bei Änderungen
  von Termbankeinträgen gewährleistet;
* Entwurf und Realisierung einer Benutzungsoberfläche, die dem Benutzer
  sowohl aktiven Zugriff, d.h. Einträge ändern und hinzufügen, als auch
  passiven Zugriff, d.h. suchen, lesen und navigieren, ermöglicht;
* Evaluation des prototypischen Systems an einer kleinen Benutzergruppe.

Die erweiterte Termbank wird bezüglich der folgenden zwei Schwerpunkte betrachtet:

Architektur des Systems: Welche Informationskategorien sind in der technischen Dokumentation und Übersetzung notwendig, wie sind sie aufgebaut und miteinander verknüpft? Sind diese Daten erarbeitet, besteht die Aufgabe darin eine Repräsentation zu modellieren, die den Anforderungen genügt.

Benutzungsschnittstelle des Systems: Der zukünftige Benutzer wird nach seinen Anforderungen befragt und seine Arbeit analysiert. Diese Beobachtungen münden in einem Benutzermodell, das das Design der Benutzungsoberfläche bestimmt. Die Oberfläche muß ein großes Repertoire von Retrievalanfragen und Navigationsmechanismen anbieten, das einen einfach gestalteten, schreibenden und lesenden Zugriff auf das Terminologiesystem ermöglicht. Die Oberfläche visualisiert die gespeicherten Daten in übersichtlicher Form.

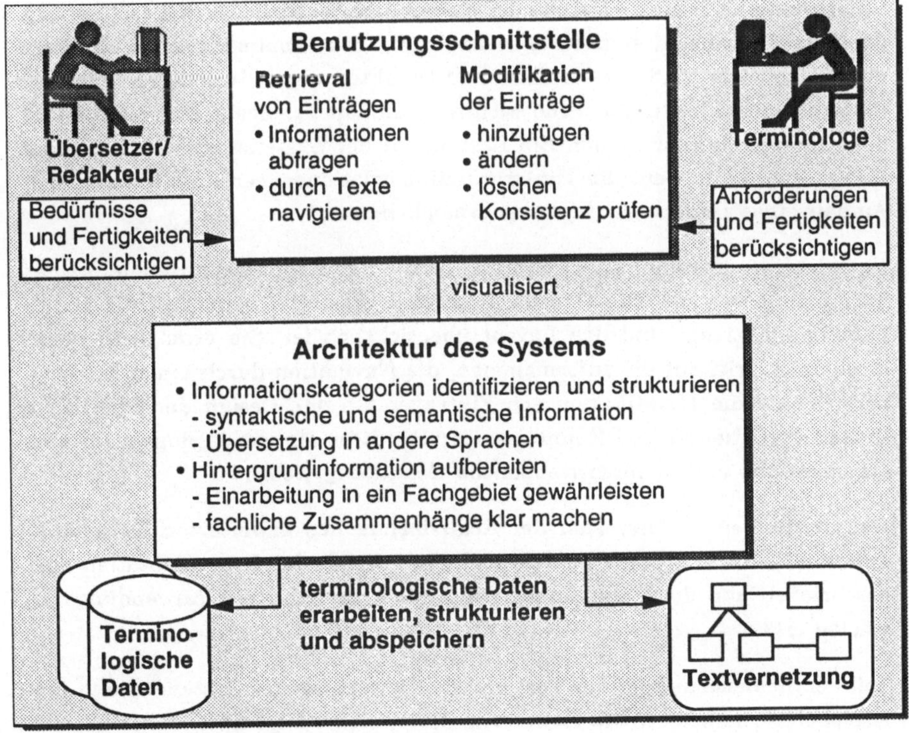

Abbildung 2.1: Überblick über den Aufbau des geplanten, erweiterten Terminologiesystems

2.2 Vorgehensweise der Arbeit

Um die genannten Ziele zu erreichen, sind mehrere Schritte notwendig. Die Arbeit ist in vier Hauptteile gegliedert, die einige Schritte zusammenfassen. Der erste Teil widmet sich der Analyse der momentanen Arbeitsweise in der technischen Dokumentation und Übersetzung und betrachtet die Problemstellungen, die durch die Fachsprache gegeben sind. Teil der Analyse ist eine vergleichende Untersuchung heute existierender Termbanken.

Die durchgeführten Untersuchungen und Analysen münden in eine Anforderungsspezifikation des zu entwickelnden Systems. Ein Pflichtenheft beinhaltet die für die erweiterte Termbank notwendigen Funktionen, Kategorien und die gewünschte Funktionalität der Benutzungsschnittstelle.

Der zweite Teil der Arbeit behandelt die Entwicklung des erweiterten Terminologiesystems. Für die Definition der Systemarchitektur ist eine Beschreibung der inhaltlichen und strukturellen Aspekte eines terminologischen Eintrags notwendig; dort sind Art, Aufbau und Struktur der notwendigen Informationskategorien bestimmt. Eine wichtige Komponente des Zielsystems bildet die Hintergrundinformation. Ein Bestandteil der Systemarchitektur ist eine Menge von Verfahren, die Hintergrundinformationen bereitstellen und den Aufbau eines Informationssystems ermöglichen.

Ein wichtiger Bestandteil des Systems ist die Benutzungsschnittstelle für das Terminologiesystem. Die Oberfläche muß so gestaltet sein, daß die Handhabung funktional und das Layout übersichtlich ist. Sie ermöglicht einen direkten Zugriff auf die Informationen, die Navigation durch einen Wissensbereich und die Modifikation von Einträgen. In das Design der Oberfläche fließen Fertigkeiten und Kenntnisse der Benutzer ein, sowie Regeln für eine ergonomische und benutzerfreundliche Gestaltungsweise.

Der dritte Teil widmet sich der Realisierung des erweiterten Termbanksystems. Die wichtigsten Module und Funktionen der Implementation sind beschrieben und die Handhabung des Systems anhand von Anwendungsbeispielen erläutert.

Teil der Realisierung ist der Test und die Bewertung des Systems durch professionelle Übersetzer. Die Bewertung des Systems folgt nach einem speziell entwickelten Testplan. Die in einer Fallstudie gewonnenen Erkenntnisse sind dargelegt und werden diskutiert.

Der letzte Teil der Arbeit behandelt Aspekte, die in Zukunft für die technische Dokumentation und die Terminologiearbeit notwendig sind. Die Arbeit schließt mit einer Zusammenfassung und einem Ausblick auf mögliche Erweiterungen ab.

Abbildung 2.2 veranschaulicht die oben beschriebene Vorgehensweise bei der Entwicklung der erweiterten Termbank und weist darauf hin, in welchen Abschnitten dieser Arbeit einzelne Fragestellungen näher beleuchtet werden.

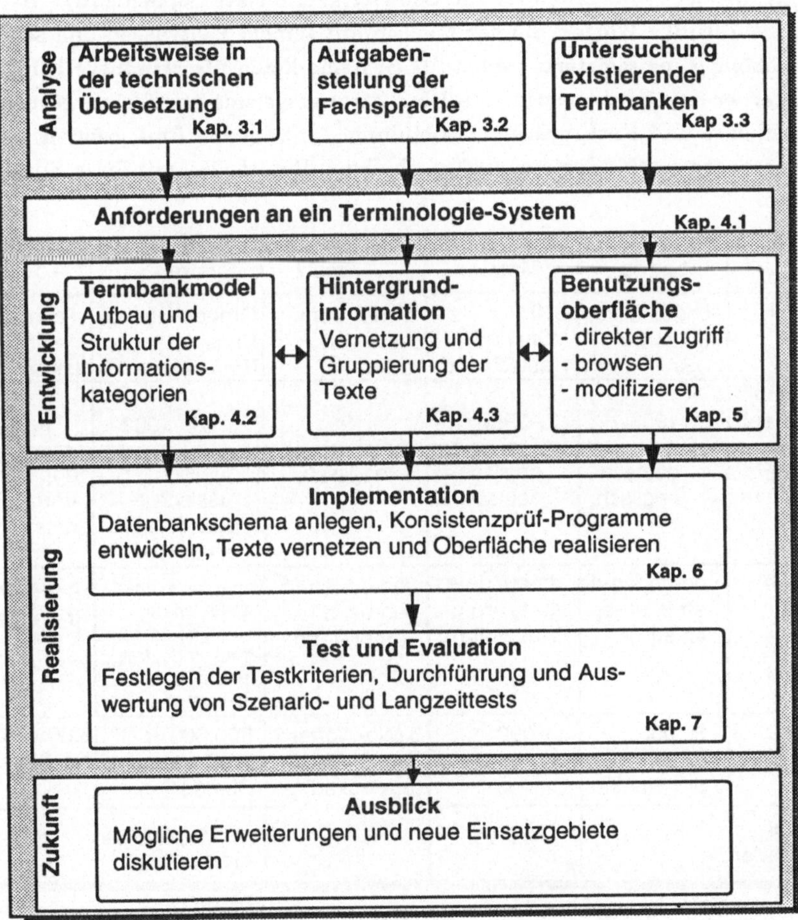

Abbildung 2.2:   Vorgehensweise bei der Entwicklung, Realisierung und Evaluation des erweiterten Terminologiesystems

3. Computerunterstützung in der technischen Übersetzung - Problemstellung und Stand des Wissens

Der Einsatz maschineller Übersetzungssysteme bietet eine mögliche Lösung, den hohen Übersetzungsbedarf in den Griff zu bekommen. Jedoch liefern die existierenden MÜ-Systeme trotz jahrelanger Forschungs- und Entwicklungstätigkeit eine Qualität, die bei weitem noch nicht befriedigend ist. Eine maschinell erstellte Übersetzung kann ohne Nachedieren nicht ausgeliefert werden (vgl. Schneider /78/). Linguistische Schwierigkeiten wie doppeldeutige Sätze oder mehrdeutige Wörter, die der Mensch mit seinem Weltwissen und seiner Sprachkompetenz meistert, stellen für Systeme kaum überwindbare Klippen dar. Ferner existieren maschinelle Übersetzungssysteme nur für ausgesuchte Sprachpaare und Fachsprachen. Abbildung 3.1 zeigt die fünf größten, derzeitig etablierten MÜ-Systeme (vgl. auch Ovum-Report /28/) mit ihren Sprachpaaren.

MÜ-System	Logos	Metal	Smart	Systran	Tovna
Vertreiber	Logos Corp. Boston, USA	SNI München, Deutschland	Smart Com. New York, USA	Groupe Gachot Paris, Frankreich	Tovna MTS Jerusalem, Israel
auf dem Markt seit	1983	1987	1981	(1968)1982	1987
Hauptsprachen	deutsch englisch	englisch deutsch	englisch	englisch russisch französisch deutsch	englisch französisch russisch
Sprachpaare	de-en, en-de en-fr, en-es en-it (5)	de-en, de-es de-ru, en-de, fr-nl, nl-fr (6)	en-de, en-fr en-es, en-it en-pt, fr-en (6)	en-fr, en-it, en-pt en-es, en-de, en-ar, en-ru, en-nl, fr-en, fr-de, fr-it, fr-nl, ru-fr, de-en (14)	en-fr, en-ru fr-en (3)
Durchsatz	30.000 Wörter pro Stunde	11.000 Wörter pro Stunde	3 Mio Wörter pro Stunde (pre-edited)	500.000 Wörter pro Stunde	3.600 Wörter pro Stunde
Anzahl Anwender	ca. 20	ca. 15	ca. 50	ca. 15 in house >100 online	3

Abbildung 3.1: Gegenüberstellung der wichtigsten MÜ-Systeme, die auf dem westlichen Markt gehandelt werden

Trotz mancherlei Mängel können maschinelle Übersetzungssysteme in vielen Bereichen effizient eingesetzt werden. Als Beispiel läßt sich die ISDN-Dokumentation anführen, die ca. 100.000 Seiten Fachtext umfaßt. Um diesen Text in eine andere Sprache zu übertragen, müssen ca. 50 professionelle Übersetzer ein Jahr lang arbeiten. Damit kostet die Übersetzung pro Sprache ca. 8,5 Mio DM. Ein MÜ-System liefert die Rohübersetzung, je nach System, in 2 bis 270 Tagen. Abbildung 3.2 stellt eine Übersetzung "von Hand" einer Übersetzung mit dem MÜ-System Systran gegenüber (vgl. /28/).

Übersetzung	Durchschnittliche Anzahl Seiten pro Stunde	Durchschnittliche Zeit um 1000 Seiten zu übersetzen	Kosten für 1000 übersetzte Textseiten
Mensch	1	1000 Stunden (25 Wochen)	85 000 DM
Maschine (Systran)	2000	0.5 Stunden	25 000 DM
Postedition (Mensch)	3	330 Stunden (8 Wochen)	27 500 DM

Abbildung 3.2:   Gegenüberstellung der Leistung bei menschlicher und maschineller Übersetzung

Bei Textsorten wie Verträgen oder Werbetexten lassen sich jedoch MÜ-Systeme nicht einsetzen. In diese Übersetzungen fließt nicht nur Sprachverständnis, sondern auch detailliertes Fachwissen und Wissen um kulturelle Hintergründe ein. Daher müssen Übersetzungen von Texten und Dokumenten dieser Art von professionellen Übersetzern erstellt werden.

Da eine vollautomatische, maschinelle Übersetzung (MÜ) von hoher Qualität in absehbarer Zeit nicht erreichbar sein wird, stellt sich die Frage, inwieweit der Einsatz von Computern den Übersetzer bei seiner Arbeit unterstützen kann. Die Angebote im Bereich der computergestützten Übersetzung (CAT = computer aided translation) reichen von der halbautomatischen Übersetzung bis hin zu einer Vielzahl an Werkzeugen im Bereich der Texterstellung und des DTP. Diese Werkzeuge sind multilinguale Textverarbeitungssysteme, Grammatikprüfer, Rechtschreibhilfen und Trennprogramme. Ein weiteres wichtiges Werkzeug ist die Terminologie-Datenbank, die Fachterme in einer Datenbank abgespeichert hat und einem maschinellen Fachwörterbuch entspricht. Abbildung 3.3 vergleicht den Nutzen für ein Unternehmen beim Einsatz dieser Werkzeuge. Bei der Übersetzungsvorbereitung bieten Lernsysteme zur Einarbeitung in ein Fachgebiet und Dokumentenretrievalsysteme zur Beschaffung relevanter Literatur eine Unterstützung.

	Text-bearbeitung	CAT	MÜ	Texthilfen/ -prüfer
schnellerer Fertigungszyklus			●	
erhöhte Produktivität	●	●	●	●
Kostensenkung	●	●	●	
Qualitäts-verbesserung		●		●
Organisatorische Verbesserung		●		

Abbildung 3.3: Nutzen von Werkzeugen, die in der technischen Dokumentation und Übersetzung eingesetzt werden

3.1 Arbeitsweise in der technischen Übersetzung

Meist spezialisieren sich Übersetzer, angestellte wie freiberufliche, auf ein bestimmtes Fachgebiet und arbeiten langfristig darin. Sie können aber nicht Experten in allen Bereichen des Fachgebietes sein. Daher stehen sie häufig vor der Aufgabe, sich in einen neuen Detailbereich einarbeiten zu müssen. Vor allem freiberufliche Übersetzer müssen eine große fachliche Bandbreite abdecken und erhalten Texte aus stark variierenden Themengebieten. Die Erarbeitung der spezifischen Terminologie ist wichtig, aber auch sehr aufwendig, daher stecken Übersetzer viel Zeit in diese Arbeit. Werkzeuge wie eine Terminologie-Datenbank, die diesen Prozeß der Terminologie-Erarbeitung unterstützen, sind von großer Hilfe.

3.1.1 Arbeitsinhalt und Tätigkeitsfeld

Früher arbeiteten die meisten Übersetzer mit Papier und Bleistift oder Schreibmaschine, heute verfügen ca. 90% der Übersetzer über ein Textverarbeitungssystem. Ca. 30% der Übersetzer verwenden Software zur Unterstützung bei der Terminologiearbeit (vgl. Mayer /51/).

Die meisten Übersetzerinnen und Übersetzer sind, entgegen vielerlei Annahmen, fest angestellt und nicht freiberuflich tätig, wie eine Umfrage (Schmitt

/77/) unter Mitgliedern des BDÜ (Bund Deutscher Übersetzer) ergab. Sie arbeiten in den Übersetzungsabteilungen von Firmen, Behörden oder in Übersetzungsbüros (vgl. Abbildung 3.4). Die Übersetzer besitzen zumeist eine akademische Ausbildung (z. B. Dipl.-Übersetzer, Dipl.-Dolmetscher) und haben neben zwei Sprachen auch ein Ergänzungsfach (Wirtschaft, Technik, Recht) studiert.

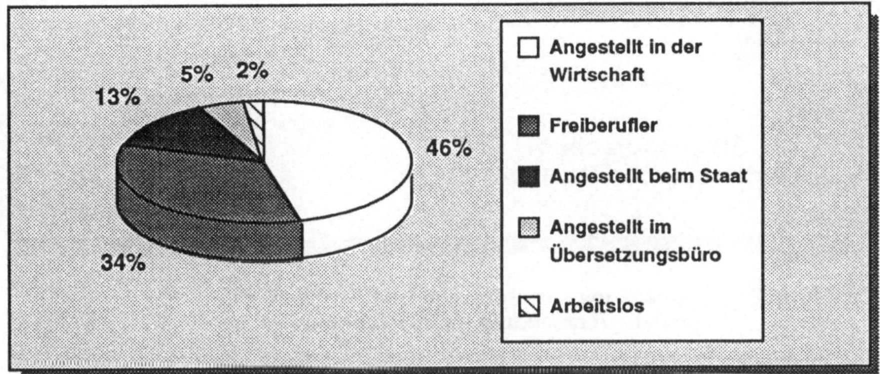

Abbildung 3.4:   Beschäftigungsstatus technischer Übersetzer in Deutschland (Stand 1989, vgl. /77/)

Die Mehrheit der zu übersetzenden Texte stammt aus dem Bereich der Technik. Bei den Sprachen steht Englisch an der Spitze und zwar als Quell- und Zielsprache. Einen vollständigen Überblick über Fachrichtungen und Sprachen gibt Abbildung 3.5.

Kann der Spitzenreiter bei den Sprachen mit Englisch klar benannt werden, so ist die Häufigkeit der zu übersetzenden Textsorte von der Sprachrichtung abhängig. Bei der Übersetzung vom Deutschen ins Englische stehen wissenschaftliche Texte, Vorträge, Werbetexte und Korrespondenz gleichauf an der Spitze. In umgekehrter Richtung, also vom Englischen ins Deutsche, kommt die Übersetzung einer Bedienungsanleitung am häufigsten vor.

Die Aussagen der BDÜ-Mitglieder zeigen eindeutig, daß die englische Sprache und die Fachrichtung Technik eine herausragende Stellung einnehmen. Aus den Umfrageergebnissen läßt sich ferner schließen, daß weniger Einplatzsysteme, sondern mehrbenutzerfähige Systeme notwendig sind, da die meisten Übersetzer nicht freiberuflich sondern in einem Team oder einer Abteilung arbeiten.

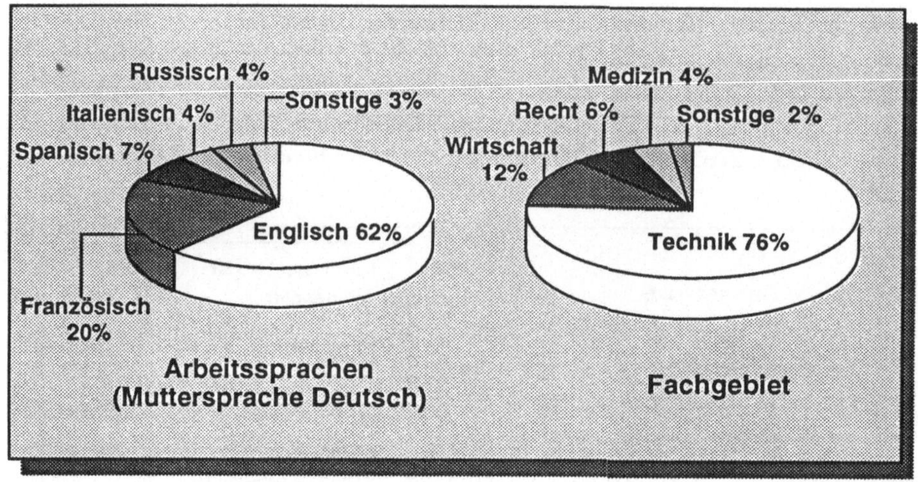

Abbildung 3.5:   Aufteilung von Sprachen und Fachgebieten in der professionellen Übersetzung in Deutschland

3.1.2   Der Übersetzungsprozeß

Bei der Übersetzung handelt es sich um einen kognitiven Problemlösungsprozeß, der viele Entscheidungen vom Übersetzer verlangt (vgl. Wilss /95/). Der Ablauf einer Übersetzung startet mit dem Auftrag des Kunden an die Übersetzungsabteilung. Ein Übersetzer übernimmt den Auftrag, liest den Text, arbeitet sich in das Themengebiet ein und schreibt innerhalb der verabredeten Zeit den Zieltext, wobei er Zielgruppe und Zweck des Textes in seine Entscheidungen mit einfließen läßt. Der produzierte Text wird anschließend einer Qualitätssicherung unterzogen. Ein Kollege oder der Vorgesetzte liest Korrektur, bevor der Text dem Kunden übergeben wird. Dieser Vorgang, der in Abbildung 3.6 dargestellt ist, ist eingebettet in die formale Auftragsabwicklung wie die Bearbeitung der Kundenkartei, die Rechnungsstellung etc.

Krings /45/ beschreibt die eigentliche Übersetzung als drei-phasigen Vorgang:

1. Verstehensphase: Hier steht das Verstehen des Ausgangstextes im Vordergrund. Die einzelnen Aktionen, die durchgeführt werden, sind den Text zu lesen, die Bedeutung einzelner Begriffe nachzuschlagen und Hintergrundinformation zu erarbeiten.

2. Textübertragung oder Translationsphase: Das Ziel ist, den Ausgangstext in der Zielsprache zu reformulieren. Dafür muß der Übersetzer Äquivalente, Kontexte und Kollokationen nachschlagen.

3. In der Produktionsphase wird der zielsprachliche Text geschrieben und geprüft, Synonyme, Äquivalente und ihre Bedeutungsunterschiede nachgeschlagen.

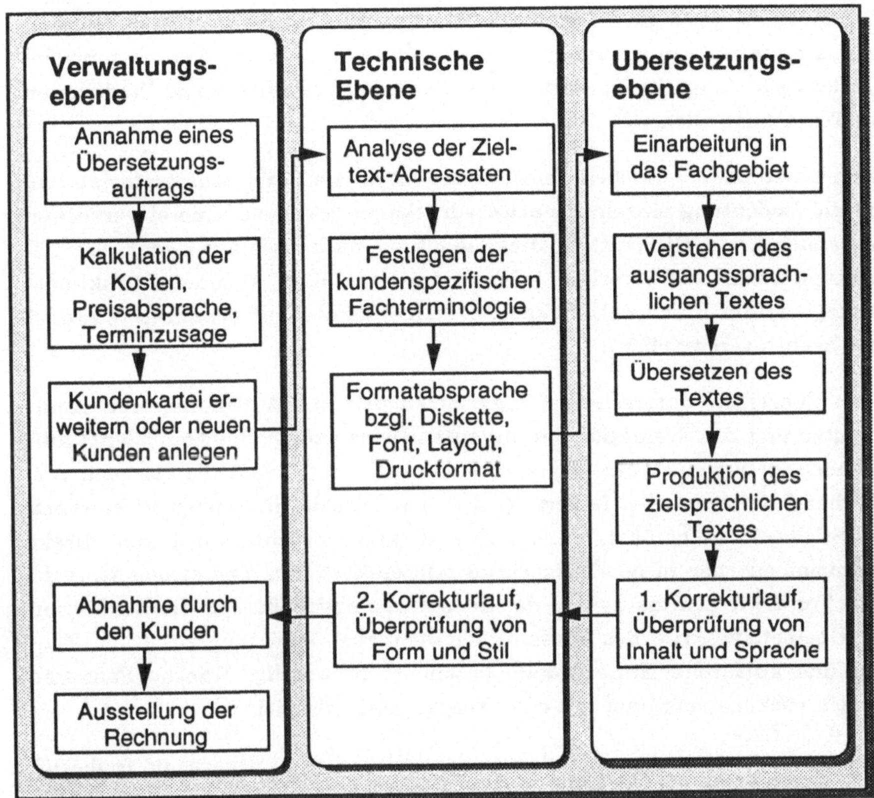

Abbildung 3.6: Ebenen und Vorgehensweise bei der Abwicklung eines Übersetzungsauftrages

In der ersten und dritten Phase arbeiten die Übersetzer intralingual, d.h. innerhalb einer Sprache - zu Beginn in der Ausgangssprache, am Ende in der Zielsprache. Nur in der zweiten Phase arbeiten die Übersetzer interlingual, findet die eigentliche Übertragung statt.

In allen drei Phasen benötigen die Übersetzer Unterstützung bei der Terminologiearbeit. Sie schlagen in der Verstehensphase meist Definitionen und Erklärungen nach, in der Translationsphase im bi-/multilingualen Wörterbuch und in der Produktionsphase sind sie an Kontexten, Synonymen und technischen Details interessiert (vgl. Scheffel /76/). Das zeigt, daß Übersetzer während des gesamten Arbeitsprozesses Hilfe von einer Termbank erhalten können.

Finden sie die gesuchte Information im Wörterbuch nicht, wenden sie spezielle Strategien an, um zu einer Lösung des Übersetzungsproblems zu kommen. Abbildung 3.7 zeigt die Strategien, die Übersetzer beim Lesen und Produzieren der Texte verwenden.

Beim Lesen bzw. Verstehen eines Textes setzen sie Rezeptionsstrategien ein, um die Bedeutung einzelner Fachausdrücke zu erkunden. Zuerst versuchen sie, anhand von Hilfsmitteln die Bedeutung nachzuschlagen oder aus Bekanntem abzuleiten (inferieren). Wenn das fehlschlägt, kommen Reduktionsstrategien zum Einsatz. Unbekannte Terme werden auf bekannte reduziert oder bleiben vorerst offen.

Beim Schreiben unterscheidet man Strategien zur Auffindung von Äquivalenten und zur Evaluation der erstellten Übersetzung. Um Äquivalente aufzufinden, benutzen Übersetzer verschiedene Wörterbücher, die sie auch vergleichend einsetzen. Bei Mißerfolg, d.h. der Term ist in keinem Wörterbuch als Stichwort aufgeführt, werden die ausgangssprachlichen Terme direkt übernommen oder in der Zielsprache reformuliert, d.h. der ausgangssprachliche Term wird an die Syntax der Zielsprache angepaßt. Für die Evaluation der Übersetzung wird das Wissen über Benutzer, Benutzungssituation, Kontext und kulturelle Hintergründe besonders notwendig. Manche Passagen werden rückübersetzt und mit dem Ausgangstext verglichen.

Eine Umfrage unter Sprachstudenten der Universität Stuttgart und freiberuflichen Übersetzern ergab (Bauer et. al. /5/), daß nur ca. 50% der gewünschten Information auf Anhieb im Wörterbuch gefunden wurde. Die Befragten nannten als Strategien, die sie zum Auffinden der Information anwenden, unter Schreibvarianten oder verwandten Begriffen nachzuschlagen, ein weiteres Wörterbuch oder ein Fachbuch hinzuziehen, Kollegen zu befragen oder, soweit bekannt, beim Autor nachzufragen.

Übersetzer übersetzen meist aus der Fremdsprache in ihre Muttersprache. Sie haben somit keine Probleme mit den allgemeinsprachlichen Formulierungen oder mit der Syntax. Die Schwierigkeit der Übersetzer liegt vielmehr darin, die Fachsprache mit den fachsprachlichen Ausdrücken zu verstehen und wiederzugeben.

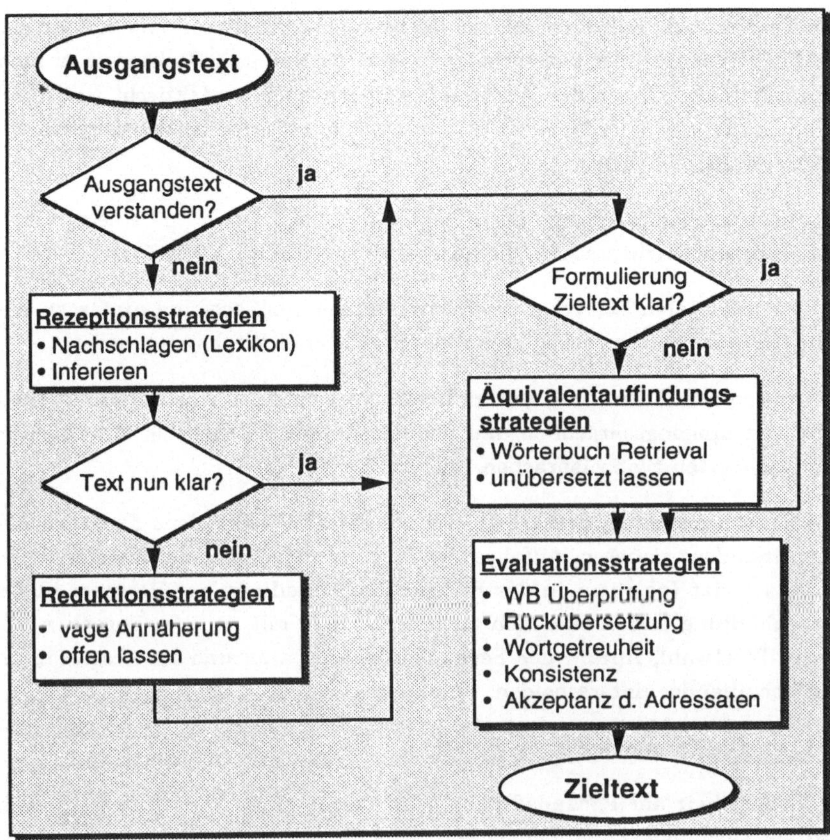

Abbildung 3.7:   Von Übersetzern im Übersetzungsprozeß benutzte Strategien

3.2   Aufgabe und Gegenstand der Fachsprachenforschung

Die Fachsprache als Subsystem der Alltagssprache dient primär der Kommunikation in technisch und wissenschaftlich orientierten Handlungs- und Arbeitssystemen. Weitere Subkategorien der Alltagssprache sind laut Picht und Draskau /69/ der Dialekt, die regionale Variante der Sprache und der Soziolekt, der Alter, Ausbildung oder Berufszugehörigkeit widerspiegelt.

Fachsprachen mit ihren spezifischen syntaktischen, semantischen und pragmatischen Merkmalen stellen ein wichtiges, internationales Kommunikationsmedium dar, das qualitativ und quantitativ außerordentlich expansiv ist (vgl. Felber /30/). Slocum /81/ weist durch Untersuchungen von fachsprachli-

chen Texten nach, daß verschiedene Fachsprachen existieren und daß sie sich
signifikant voneinander unterscheiden. Er zeigt, daß sich Fachsprachen nicht
nur lexikalisch, also in der Wortwahl, sondern auch syntaktisch, z.B. durch
Bevorzugung spezieller Nebensatztypen oder durch erhöhtes Vorkommen von
Abkürzungen, abheben.

Die Fachsprachenforschung unterscheidet eine horizontale und eine vertikale
Fächerung der Fachsprachen, die adressatenspezifisch ist (vgl. Wilss /94/).

* Die horizontalen Schichten sind anwendungsspezifisch und umfassen u.a.
  die Wissenschaftssprache, Verkäufersprache und Werkstattsprache.

* Die vertikale Schichtung unterscheidet verschiedene Abstraktionsebenen,
  die von umgangssprachlich und populärwissenschaftlich bis hin zu hoch-
  formalisierten Symbolsprachen reichen.

Man kann beobachten, daß selbst in einer Firma verschiedene Fachsprachen
nebeneinander existieren. Auf dieselbe Sache beziehen sich der Meister in der
Werkstatt, der Ingenieur in der Entwicklungsabteilung, der Designer in der
Werbeabteilung und letztendlich auch der Kunde mit anderen Sprachen, die
sich in Wortwahl, Anzahl der Fachausdrücke, Syntax und im Abstraktions-
grad voneinander unterscheiden.

3.2.1   Die Terminologie

Die Gesamtheit der Fachausdrücke oder Terme eines Wissenschaftsgebiets
wird als Terminologie bezeichnet. Darüber hinaus wird die Lehre von Fachausdrücken, unabhängig vom Wissenschaftsgebiet oder einer Sprache,
ebenfalls als Terminologie bezeichnet. Die Terminologielehre ist eine interdis-
ziplinäre Wissenschaft, die eine Zusammenarbeit von Linguistik, formaler
Logik, Informatik und dem jeweiligen Fachgebiet erfordert. Sie hat zum Ziel,
die Gesetzmäßigkeiten und die Terminologie einer Fachsprache zu erarbeiten
und strebt eine Sprachnormung im Fachgebiet an. Ein wesentlicher Bestandteil der terminologischen Arbeit bildet die Öffentlichkeitsarbeit. Die Terminologiearbeit erfolgt nach DIN 2339 /21/ auf drei Stufen:

* Sammlung der Terme und Begriffe einer Fachsprache.

* Analyse der gesammelten Terminologie, wobei die Systematik des Faches
  und das System der Benennungen und Begriffe erfaßt werden. Dies

schließt insbesondere die Beziehungen zwischen den Termen wie Homo-
nymie, Synonymie und Polysemie mit ein.

- Festlegung im Sinne von Begriffsabgrenzung und Benennungs-/Begriffs-
Zuordnung. Dabei werden beispielsweise Vorzugsbenennungen verein-
bart oder Synonyme bewertet. Die Festlegung der Terminologie fällt in
den Bereich der Terminologienormung.

Die Fachausdrücke werden von Fachexperten, Terminologen und Lexikographen gesammelt, systematisiert und in gedruckten (= Wörterbüchern) oder
elektronischen (= Terminologie-Datenbanken) Nachschlagewerken festgehalten. Bei gedruckten Sammlungen müssen die Terme bestimmten Bedingungen genügen, bevor sie vom Wörterbuchmacher aufgenommen werden. So
spielt die Verwendungshäufigkeit eines Termes eine große Rolle, die auch die
Länge der Definition bestimmt (Wiegand /91/). Aber gerade die häufigen
Terme sind auch am besten bekannt. Die Übersetzer haben mehr Probleme
mit den selteneren, sehr speziellen Termen. Der Grad an Spezialisierung ist
heute so fein, daß viele Fachausdrücke diese Bedingungen nie erfüllen können
und somit nie in Wörterbüchern zu finden sind. Dennoch müssen Übersetzer
sie in eine andere Sprache übertragen. Dynamische Werkzeuge wie Terminologie-Datenbanken ermöglichen es, auch spezielle und eventuell kurzlebige
Terme aufzunehmen. Dadurch können sie neben den genormten Fachausdrücken auch die Gegenwartssprache maximal berücksichtigen.

3.2.2 Nachschlagewerke

Gedruckte wie auch elektronische Nachschlagewerke werden charakterisiert
durch die Anzahl der aufgenommenen Sprachen, die Verwendungsart sowie
die Struktur und Ordnung der Einträge. Eine Typologie der fachsprachlichen
Wörterbücher oder Datenbanken zeigt Abbildung 3.8. Man unterscheidet zwischen den Verwendungsarten normativ-präskriptiv, das heißt mit dem Ziel
der Standardisierung, und objektiv-deskriptiv, das heißt mit dem Ziel, den aktuellen Wortschatz zu sammeln und zu beschreiben. Bei Wörterbüchern der
Orthographie oder Grammatik müssen die Angaben verbindlich sein, so hat
sich der Duden als normativ-präskriptives Wörterbuch etabliert. Die
Schaffung normativ-präskriptiver Terminologie dauert sehr lange und muß
von allen Betroffenen wie Hersteller, Lieferant und Kunde anerkannt werden.

Wörterbücher unterscheiden sich auch in der Anordnung der Stichwörter. Die
gebräuchlichste Form der Ordnung ist die alphabetische Reihenfolge. Bei

Fachwörterbüchern wird neben der formalen, alphabetischen Reihenfolge auch eine inhaltsbezogene, semantische Anordnung verwendet. Diese geht vom Begriff aus und sucht die dazugehörenden Bezeichnungen. Termsammlungen, die die Terme hierarchisch mit Synonym, Oberbegriff und Unterbegriff verzeichnen, werden Thesaurus genannt.

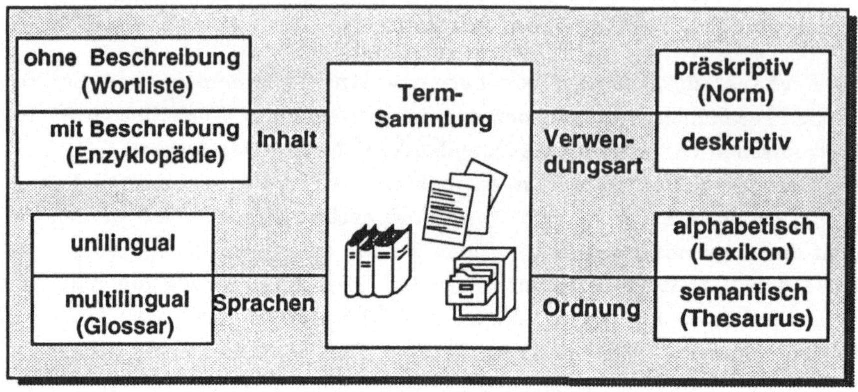

Abbildung 3.8: Typologie von Termsammlungen bezüglich Inhalt, Sprachen, Verwendung und Ordnung

3.2.3 Begriff und Term

Im Zentrum der Terminologiearbeit steht der Begriff. Der Begründer der technischen Terminologieforschung, Eugen Wüster, bezeichnet den Begriff als Ausgangspunkt aller Terminologiearbeit.

"Ein Begriff ist das Gemeinsame, das Menschen an einer Mehrheit von Gegenständen feststellen und als Mittel des gedanklichen Ordnens ("Begreifens") und darum auch zur Verständigung verwenden. Der Begriff ist also ein Denkelement. (...) Zum Identifizieren und Fixieren eines Begriffes ist eine Benennung oder ein anderes Zeichen unentbehrlich. Geht man umgekehrt vom Zeichen für den Begriff aus, so wird der Begriff die Bedeutung des Zeichens oder dessen Sinn genannt. " (vgl. Wüster /96/, S.7]

Die Terminologie beschäftigt sich mit der Beziehung zwischen Inhalt (Begriff) und seiner sprachlichen Realisierung, dem Ausdruck (Benennung, Term), vgl. auch das Beispiel in Abbildung 3.9.

Unter dem Inhalt eines Begriffes versteht man die Gesamtheit der Merkmale, die eine gedankliche Zusammenfassung von individuellen Gegenständen und

die gegenseitige Abgrenzung der Begriffe ermöglicht (vgl. DIN 2330 /19/). Ein
Term (oder fachsprachliche Benennung) ist die kleinste sprachliche Einheit,
der durch semantische Interpretation ein Objekt der realen Welt (der Begriff)
zugewiesen werden kann. Ein Term ist dabei definiert als konventionalisiertes
Zeichen für einen Begriff, das aus artikulierten Lauten oder deren geschriebener Repräsentation besteht. Ein Term kann ein Wort, eine Wortgruppe oder
eine Phrase sein.

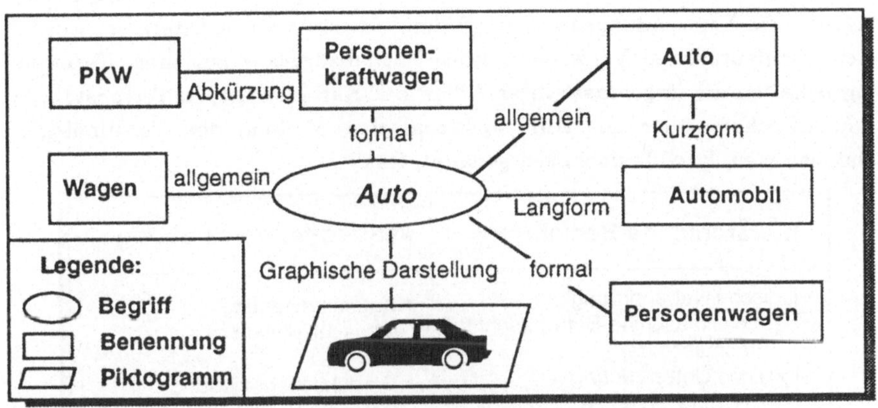

Abbildung 3.9:   Begriff versus Term

3.2.4   Beziehungen zwischen Begriffen

Begriffe sind niemals isoliert, sondern in ihren Beziehungen zu anderen
Begriffen zu betrachten. Die Terminologielehre und die Semiotik (Lehre von
den Zeichen) haben sich mit Begriffssystemen und Begriffsbeziehungen beschäftigt /57/. Von besonderer Bedeutung für die terminologische Arbeit sind
die hierarchischen Beziehungen (Über-, Unter-, Gleich- und Nebenordnung)
(vgl. DIN 2331 /20/). Die hierarchischen Beziehungen zerfallen in
- logische Beziehungen, auch Ähnlichkeitsbeziehung, generische Beziehung
  oder Abstraktionsbeziehung genannt und
- ontologische Beziehungen, auch Bestandsbeziehung, partitive Beziehung
  oder Ganzes-Teil-Beziehung genannt.

Nicht-hierarchische oder sequentielle Beziehungen finden bei der Erstellung
von Definitionen Verwendung. Im Dokumentationswesen wird die nicht-
hierarchische Beziehung als Assoziationsrelation bezeichnet. Abbildung 3.10
zeigt typische Beispiele von hierarchischen und sequentiellen Beziehungen.

3.3 Computerunterstützte Terminologiearbeit

Sager und Price /73/ definieren eine Termbank als eine Sammlung einzelner
Dateneinheiten, die Informationen über Terme oder Begriffe beinhalten. Ein
wesentlicher Bestandteil der Terminologiearbeit ist festzustellen, wie Fachausdrücke im jeweiligen Fachgebiet verwendet werden. Im Gegensatz zu
allgemeinsprachlichen Ausdrücken ist die Feststellung des Gebrauches eines
fachsprachlichen Ausdruckes einfacher, da metaphorische, ironische oder
scherzhafte Verwendungsarten wegfallen. Es ist nur von Interesse, worauf
sich Fachleute beim Verwenden eines Fachausdruckes beziehen. Terminologen halten die Ergebnisse ihrer Arbeit auf Karteikarten, in Termlisten, in
Wörterbüchern oder mit Hilfe elektronischer Medien, den Terminologie-
Datenbanken, kurz Termbanken genannt, fest.

hierarchische Beziehung	sequentielle Beziehung
• logische Nebenordnung (Schleifmaschine-Bohrmaschine-Fräsmaschine) • logische Unterordnung (Maschine - Werkzeugmaschine - Schleifmaschine) • ontologische Nebenordnung (Zylinder-Kolben-Pleuel-Kurbelwelle) • ontologische Unterordung (Kraftwagen - Motor - Kolben)	• Kausalbeziehung (Ursache-Wirkung) • Produktionsbeziehung (Material-Produkt) • chronologische Beziehung (Vorgänger-Nachfolger) • instrumentelle Beziehung (Werkzeug-Anwendung)

Abbildung 3.10: Hierarchische und sequentielle Beziehungen zwischen
Begriffen

3.3.1 Termbanken

Eine Termbank soll alle Aspekte und Facetten einer Fachsprache, die im vori-
gen Kapitel angesprochen wurden, beinhalten. In konventioneller Technik
entspricht eine Termbank Wörterbüchern, Glossaren und Enzyklopädien. Die
größte Benutzergruppe von Termbanken stellen - wie bei ihrem gedruckten
Pendant - Übersetzer, Terminologen, technische Redakteure, Dokumentare,
Journalisten, Bibliothekare und Fachexperten dar /73/. Die Benutzungssituationen sind vielfältig. Es geht darum, sich Klarheit über fachliche Details zu
verschaffen, Formulierungslücken zu schließen, Übersetzungsvorschläge zu

erhalten, sich bei internationalen Kooperationen der gebräuchlichen Terminologie zu bedienen. Terminologen sind für die Erstellung von Einträge, deren Überarbeitung und die Erhaltung der Konsistenz zuständig.

Im Vergleich zu den konventionellen, gedruckten Nachschlagewerken bieten Termbanken bezüglich Inhalt und Handhabung etliche Vorteile (vgl. Melby /55/):

- Mehrere Arten von Nachschlagewerken wie Thesaurus, Enzyklopädie oder Glossar sind in einem System zusammengefaßt.
- Eine Termbank kann auf Änderungen im Sprachgebrauch eingehen, da neue Erklärungen sofort zur Verfügung stehen, es muß keine neue Auflage abgewartet werden.
- Eine Termbank kann, angepaßt an Benutzer und Benutzungssituation, mal als Transferwörterbuch, mal als technisches Wörterbuch dienen.
- Mehrere Benutzer können gemeinsam die Termbank nutzen.
- Das Retrieval der Terme ist schnell und läßt sich über Filter so steuern, daß die zurückgegebenen Daten sich an einer individuellen Aufgabe orientieren.
- Eine Termbank kann theoretisch beliebig viele Informationen aufnehmen und sie weiträumig darstellen. Bei gedruckten Wörterbüchern müssen aus wirtschaftlichen und technischen Gründen (Gewicht, Bindung) die Einträge auf einer bestimmten Anzahl von Seiten untergebracht werden (vgl. Voigt /88/).

Häufig jedoch genügen Termbanken, wie sie heute kommerziell erhältlich sind, den Anforderungen der Unternehmen und Übersetzer nicht. Sie sind oft als eine einfache maschinelle Version eines gedruckten Wörterbuches realisiert. Viele Übersetzer kennen sich im Bereich der Technik nicht aus und brauchen Unterstützung beim Verstehen des Ausgangstextes. In den existierenden Termbanken wird keine inhaltliche Information gegeben. Die Benutzungsoberfläche erlaubt meist nur ein eingeschränktes und stark reglementiertes Arbeiten mit der Termbank und bietet wenig Flexibilität.

Termbanken wurden schon vor ca. 30 Jahren zur Unterstützung von Fachexperten und Übersetzern eingeführt. Sie waren für Großrechner konzipiert (vgl. UITA-Studie /87/). Speziell in Ländern, die zwei oder mehr Amtssprachen haben, wie Kanada oder die Schweiz, und bei weltweiten Organisationen wie z.B. der WHO ist der Bedarf an einer Termbank sowohl für die Übersetzung als auch für die Sprachnormierung hoch. Sehr große Termbanken, die über viele tausend Einträge verfügen, sind die kanadischen Systeme *Termium* und *Terminoq* /87/, *Team* der Firma SNI, München (vgl. Vollnhals /89/) und *Eurodicautom* /16/, die Termbank der EG. Eine Gemeinsamkeit der genannten Termbanken besteht darin, daß sie für Großrechner konzipiert wurden und anfangs auf Batchbetrieb ausgelegt waren.

Heute sind die Systeme online verfügbar und erlauben einen Mehrbenutzerbetrieb. Da die Datenbanktechnologie Ende der sechziger Jahre noch nicht weit fortgeschritten war, wurde eine spezielle, anwendungsgebundene Software entwickelt, um Einträge in diesen Termbanken zu speichern und zu modifizieren. Diese Software verfügt aber nicht über dieselbe Flexibilität wie moderne, kommerzielle Datenbanksysteme.

Ein Eintrag der Termbank TEAM besteht aus einer fixen, nicht änderbaren Struktur. Jeder Eintrag wird in 100 Felder aufgeschlüsselt (vgl. Hohnhold /43/), wobei die Felder eins bis neun allgemeinen Termdaten vorbehalten sind. Immer zehn Felder beinhalten Informationen zu einer europäischen Sprache z.B. 60 bis 69 für italienisch. Dadurch kann TEAM gleichzeitig maximal neun verschiedene Sprachen anbieten. Für jede Sprache sind die Felder Term, Grammatikangabe, Quelle, Definition, Kontext, Synonyme, Quasisynonyme und Sachgebiet vorgesehen.

3.3.2 Termbanken auf Personal Computern

Beispiele für weit verbreitete und kommerziell verfügbare Termbanken auf PC-Ebene sind *Term-PC*, *Multiterm, Term-Lidas* oder *Superlex* (vgl. /36/, /51/). Neben den nicht-veränderbaren Termbanken mit fester Feldlänge gibt es auch für den PC Terminologie-Verwaltungssysteme (vgl. Goldschmidt /36/) wie *Termex*, deren offene Struktur den Import und Export von Datenbeständen unterstützt. In Japan arbeitet seit 1986 das EDR, das Forschungsinstitut für elektronische Wörterbücher, an term- und begriffbasierten Wörterbüchern in den Sprachen japanisch und englisch (vgl. Miike et. al. /56/). In Abbildung 3.11 werden einige gängige Termbanksysteme gegenübergestellt (vgl. auch Mayer /51/).

Manche dieser Termbanken sind (speicherresident oder als zusätzliche Datenbank) mit einem Textverarbeitungssystem gekoppelt. Ein Beispiel dafür ist *CAT*, ein Übersetzungshilfesystem für Englisch, Deutsch und Französisch, das aus einem Terminologie-Management-System (TMS) und einer Textverarbeitungskomponente besteht. Das System TMS ermöglicht die Extraktion von

Termen im Text und das automatische Einfügen von Äquivalenten der selektierten Sprache in den Zieltext.

Die PC-Termbanken zielen auf den einzelnen, freiberuflichen Übersetzer. Sie unterstützen keine gemeinsame Nutzung der Termbank in einer größeren Übersetzungsabteilung. Das macht sich sowohl beim Zugriff (kein Mehrbenutzerbetrieb) als auch in der Zwei-Sprachigkeit bemerkbar. Die PC-Termbanken bieten ausschließlich Sprachpaare an, was einem einzelnen Übersetzer genügt. In Übersetzungsabteilungen müssen aber mehrere Sprachen angeboten werden. Diese Termbanken bieten außerdem keine Erklärungstexte an; nur teilweise ist eine kurze Definition vorhanden. Ein weiterer Mangel dieser Termbanken liegt in der meist sehr einfachen Benutzungsoberfläche, deren Layout den heutigen Ansprüchen an eine benutzerfreundliche Gestaltung nicht genügt.

	Multiterm 1.0	Termex 2.0	Superlex 1.2	Term-PC 2.0	CAT 3.0
Hardware	DOS-PC XT, AT	DOS-PC XT, AT	DOS-PC XT, AT	DOS-PC XT, AT	Mehrplatz-systeme
Speicher-begrenzung	k.A.	1 Mio. Einträge pro Glossar	60.000 Einträge pro WB, max. 360 WBs	k.A.	k.A.
Benutzungs-oberfläche	deutsch englisch	deutsch englisch	deutsch französisch englisch	deutsch	deutsch
Inhalt und Funktion	editierbar, multilingual, Querverweis, Wörterbuch-ausgabe, Funktions-tasten	freie Definition der Tastatur, Funktions-tasten, spezielle Glossare anlegen	sprachpaar-basiert, Übersetzung mit Kontext-angabe und Alternativen	Übernahme externer Daten, Sortieralgorith-men, Glossare erhältlich, festes Format	festes Format, Export in Textverarbeitung, feste Feldnamen

Abbildung 3.11: Gegenüberstellung gängiger PC-Termbanksysteme

3.3.3   Termbanksoftware

Die anfallenden Daten können über ein eigens geschaffenes, dezidiertes Ablagesystem oder über ein existierendes, kommerzielles Datenbanksystem gespeichert und abgerufen werden. In Abbildung 3.12 sind die Vor- und Nachteile der Verwendung eines dezidierten bzw. eines existierenden Datenbanksystems gegenübergestellt. Die Realisierung eines dezidierten Ablagesystems bietet die Möglichkeit, die speziellen Anforderungen der Terminologie und der Benutzer maximal zu berücksichtigen. Es muß aber eine Anzahl verschiedener Eigenschaften berücksichtigt werden. Für multilinguale Terminologie muß beachtet werden, daß alle notwendigen Zeichen (Akzente, Umlaute) abgespeichert und dargestellt werden können. Ferner fallen bei Termbanken viele Texte unterschiedlicher Länge an, die ohne Speicherplatz zu verschwenden, abgespeichert werden sollen.

	kommerzielles System	dezidiertes System
Vorteile	• Synchronisation mehrerer Benutzer • Mehrbenutzerbetrieb • Datenbanksprache wird angeboten • Standard, d.h. Austausch mit anderen Daten möglich	• an Anforderung angepaßtes Schema • optimale Speicherausnutzung
Nachteile	• Mehrsprachigkeit meist nicht möglich • Flexibel lange Texte können nur aufwendig abgespeichert werden	• hoher Implementationsaufwand • nicht portierbar

Abbildung 3.12: Vor- und Nachteile von dezidierten bzw. kommerziellen Datenbank-Management-Systemen

Domenig /25/ schlägt vor, für lexikographische und terminographische Daten dezidierte Datenbanksysteme zu entwickeln. Bei dezidierten Datenbanksystemen ist die Software an die strukturelle und inhaltliche Anforderung der Terme angepaßt, die Datenbankumgebung ist auf die Anwendung ausgerichtet. Die Schwierigkeit eines dezidierten Ablagesystems liegt darin, daß die gleichzeitige Termbankbenutzung im Mehrbenutzerbetrieb, die Konsistenzerhaltung und die Harmonisierung der Einträge, die Realisierung einer Modifikations- und Abfragesprache entwickelt und implementiert werden muß.

Neuere Termbanken greifen auf kommerziell verfügbare Datenbanksysteme zurück, die meisten auf relationale (RDBS). Die relationalen Datenbanksysteme (vgl. Date /18/) wurden für Anwendungen entwickelt, bei denen eine große Menge gleichstrukturierter, kurzer, alphanumerischer Daten anfallen wie beispielsweise Produkt-, Lagerhaltungs- oder Personaldaten. Sie sind für multilinguale, terminologische Daten weniger geeignet. Lange Texte, in denen gesucht werden kann, Zeichensätze, die mehrere Sprachen abdecken, oder das Abspeichern von Bildern, wie sie in gedruckten Enzyklopädien vorkommen, sind bei relationalen Datenbanken nicht vorgesehen.

Erst neueste RDBS-Versionen unterstützen den vollen 8-Bit-Code, mit dem die meisten europäischen Sprachen mit ihren speziellen Zeichen und Akzenten darstellbar sind. Die Bereitstellung des kyrillischen, arabischen oder japanischen Zeichensatzes wird zwar wirtschaftlich immer bedeutsamer, Terme dieser Sprache können aber nicht direkt abgespeichert werden.

3.3.4 Manipulation von Termbanken

Termbanken werden üblicherweise leer oder mit einem Satz allgemeiner technischer Terminologie geliefert. Die erste Aufgabe des Besitzers ist es dann, die Termbank mit der Terminologie der interessierenden Sachgebiete und Sprachen zu füllen. Es können auch Termbestände für spezielle Fachgebiete und Sprachen gekauft werden.

Große Unternehmen und öffentliche Institutionen betrauen Terminologen mit der Aufgabe, Terme einzugeben, zu ändern und zu löschen. Nur ihnen ist es gestattet, die terminologischen Einträge zu verändern. In Unternehmen, bei denen keine Terminologen beschäftigt sind, übernimmt eine spezielle Gruppe von Übersetzern diese Aufgabe. Für die Konsistenzerhaltung ist es wünschenswert und notwendig, daß nur autorisierte Termbankbenutzer ändernd auf die Termbank zugreifen dürfen. Der Terminologe muß über den Inhalt der Termbank Bescheid wissen, um die Konsistenz nicht zu verletzen und dadurch Zusatzarbeit zu vermeiden.

Möchte ein Benutzer Änderungen durchführen, müssen vom Programm Überprüfungen zur Konsistenz der Einträge durchgeführt werden. Soll beispielsweise ein Eintrag gelöscht werden, so müssen alle von ihm abhängigen Daten mitgelöscht werden. Wird ein Eintrag hinzugefügt, so muß das Programm den Benutzer darauf aufmerksam machen, wenn es den Terminus in einer anderen Verbindung schon gibt. Die existierenden Termbanken bieten keine Programme zur Überprüfung der Konsistenz der Terminologie an, die Änderung existierender Einträge wird kaum unterstützt.

4. Entwicklung eines erweiterten Terminologiesystems

Im folgenden wird die Definition und der Entwurf eines multilingualen, computergestützten Werkzeugs beschrieben, das die Terminologiearbeit unterstützt, terminologische Fakten bereit stellt und die Einarbeitung in ein Fachgebiet erleichtert.

4.1 Anforderungen an das Terminologiesystem

Mehrere Untersuchungen, Interviews und Fragebogenaktionen führten zu einer umfangreichen Liste von Anforderung an ein CAT-System (vgl. auch Höge /42/, Maier /48/ und Fulford /34/). Die Abbildungen 4.1 bis 4.3 fassen die Anforderungen, die technische Redakteure und Übersetzer an ein terminologisches System stellen, zusammen.

Kriterium	Kategorie		Anforderung
Inhalt	terminologisch	Begriffsinhalt	Erklärung, Definition; ausführliche und knappe Begriffsbeschreibungen
		Begriffs-umgebung	Kontext, Beispiel, Bild, Benutzungsinformation
		Begriffs-einordnung	Angaben zu Fachgebiet und Hintergrund; hierarchische und assoziative Information
		Relation zwischen Einträgen — hierarchisch	Ober/Unterbegriff, Teil-Ganzes Sachgebietszuordnung
		Relation zwischen Einträgen — intra-lingual	Synonyme, Varianten, Abkürzung
		Relation zwischen Einträgen — inter-lingual	Äquivalent in anderen Sprachen; Paraphrase (Umschreibung)
	linguistisch	sprachspezifisch	Kategorie, Geschlecht, Wortfamilie regionale Besonderheit
		Wortumgebung	Kollokation
	administrativ	Quelle von Definition und Term, Datum	bibliographische Angabe, verantwortlicher Terminologe, letzte Änderung

Abbildung 4.1: Anforderungen an den Inhalt eines terminologischen Eintrags

Die Anforderungen sind eingeteilt nach Forderungen bezüglich des Inhalts des erweiterten Terminologiesystems, der Struktur der Einträge und der Benutzungsoberfläche. Die in den Abbildungen 4.1 bis 4.3 aufgeführten Anforderungen bilden das Pflichtenheft für das zu entwicklende System. Das System hat die Aufgabe, den Wortschatz mehrerer Sprachen und Fachgebiete abzuspeichern und anzubieten. Darüberhinaus dient es professionellen technischen Übersetzern zur Einordnung von Fachausdrücken in ein Fachgebiet und zur Erkundung eines gesamten Wissensbereichs. Dafür muß das System bestimmte Informationskategorien anbieten, die in Abbildung 4.1 dargestellt sind (vgl. auch Freibott und Heid /32/). Eine Berücksichtigung aller eventuell interessanten Kategorien macht eine Termbank unhandlich. Eine Beschränkung auf die notwendigen Kategorien, die von der Anwendung (Übersetzung, Kommunikation, Dokumentation, Lernen) abhängen, vereinfacht die Handhabung der Termbank.

Kriterium	Kategorie	Anforderung
Struktur	allgemein	multilingualer Ansatz; alle Sprachen sind gleichberechtigt
		Termzentrierung; Term mit Definition und Übersetzung; Synonyme und Äquivalente als Beziehung zwischen Termen mit entsprechender Konsistenzprüfung
		periphere Information: Bilder, hierarchische Beziehungen, verwandte Begriffe; Assoziationsnetz
	Anordnung	keine feste Anordnung; Sortierung alphabetisch und inhaltlich; Zugriff auf Gruppen von Termen; Filter nach Teilworten/Sachgebieten
	Verwendungsart	standardisierte und umgangssprachliche Terme aufnehmen; Norm und gelebte Techniksprache

Abbildung 4.2:   Anforderungen an die Struktur eines terminologischen Eintrags

Die Daten müssen strukturiert und so modelliert werden, daß sie in einer Datenbasis effizient gespeichert werden können. Im Zentrum der Termbank stehen der Fachterm und der Erklärungstext. Elemente der Alltagssprache werden nicht abgebildet. Linguistisch betrachtet, bestehen Fachterme meistens aus (zusammengesetzten) Substantiven. Verben, Adjektive oder Adverbien machen nur einen kleinen Teil aus. Das Terminologiesystem arbeitet nicht mit Sprachpaaren sondern multilingual. Das System beinhaltet terminologische Daten, die folgende Charakteristik aufweisen:

- es sind mehrsprachige Einträge (Zeichensatz),
- sie bestehen aus einer großen Anzahl von Texten (Definitionen etc.) mit sehr unterschiedlicher Länge und
- sie enthalten graphische Informationen (Bilder, Zeichnungen, etc).

Kriterium		Kategorie	Anforderung
Oberfläche	Retrieval	direkte Abfrage	Zugriff auf Terme und beschreibende Informationen; Filter über die Information legen; Abfrage von Teilworten
		Navigation	Navigation durch Begriffsfeld; Browsen durch Hintergrundinformation; Zusammenhang von Termen
	Modifikation	Ausführung	Änderungen sofort verfügbar; nur berechtigte Personen ändern; Einhaltung von Constraints; automatisches Einfügen von Informationen wo möglich
		Prüfung	Folgelöschung berücksichtigen; Konsistenz prüfen bei Änderung von Termrelationen
	Hilfsmittel	Online	Hilfeinformation; mehrsprachiger Dialog und Oberflächenbezeichnung; Fehlermeldungen mit Fehlerbehebungs-Strategie
		Offline	Benutzungshandbuch
		Funktionen	Zurücksetzen von Aktionen; Navigationsoperationen; Orientierungshilfen im Netzwerk
		Technik	Maus; hochauflösender Bildschirm; Zeichensatz mit Akzenten und Umlauten; einstellbare Tastatur; Fenstersystem

Abbildung 4.3: Anforderungen an die Oberfläche des erweiterten Terminologiesystem

Um eine benutzerfreundliche Oberfläche anbieten zu können, müssen beim Design und der Implementation einige allgemeine Anforderungen bzgl. Hilfen und Fehlertoleranz berücksichtigt werden (vgl. Shneiderman /79/). Abbildung 4.3 faßt die Anforderungen an die Oberfläche zusammen.

Die Benutzungsoberfläche hat die Aufgabe, die gespeicherte Terminologie anzuzeigen und Übersetzer, Terminologen und Dokumentare bei der Suche, Eingabe und Modifikation von Termbankeinträgen zu unterstützen. Bei der Suche können die Benutzer direkt auf einzelne Einträge zugreifen oder durch ein Netz ähnlicher Texte navigieren, um sich so die Terminologie eines Fachgebietes zu erarbeiten. Dadurch kann auch ein Fachneuling die Terme des Fachgebietes besser verstehen und einschätzen. Das System bietet Navigationsoperationen an, Reihenfolge und Richtung der Navigation bestimmt der Benutzer. Die Modifikationsschnittstelle bietet einen Überblick über den Inhalt der Datenbank an, prüft die Konsistenz und die Einhaltung der Constraints.

Eine einfache Handhabung dient der Akzeptanz eines Systems. Eine wichtige Anforderung an die Gestaltung eines Systems ist es, den Benutzern nicht nur Informationen zu bieten, sondern dafür zu sorgen, daß sie gerne mit einem CAT-System arbeiten. Das stellt hohe Anforderungen an die Benutzungsoberfläche und die zur Verfügung gestellten Funktionen für den direkten Zugriff, für die Navigation durch das Hintergrundwissen und für die Modifikation von Termeinträgen.

In den folgenden Kapiteln versucht die Arbeit unter Berücksichtigung dieser Anforderungen das Datenschema des Terminologiesystems zu entwickeln und die Erweiterungen zu einem umfassenden System herauszuarbeiten.

4.2 Das Datenmodell des Terminologiesystems

Das Datenschema hat die Aufgabe alle notwendigen Informationskategorien der Terminologie, die in der Anforderungsliste aufgelistet sind, zu repräsentieren. Demnach enthält es – monolingual betrachtet – Terme mit verschiedenen Attributen, textuelle Beschreibungen, administrative Angaben und Beziehungen zwischen den Termen. Bi- oder multilingual gesehen, kommen Beziehungen zwischen Termen verschiedener Sprachen hinzu. Bei der Übersetzung allgemeinsprachlicher Texte, wie zum Beispiel Korrespondenz, sind Äquivalente mit Kontext- und Stilangaben von besonderem Interesse. Bei der Übersetzung technischer Texte spielen Definitionen, Erklärungen und Verwendungsbeispiele eine große Rolle.

Im folgenden wird der Inhalt, die Struktur und die Verwaltung der terminologischen Daten beschrieben.

4.2.1   Inhalt der Termbank

Die kleinste, vollständige und unabhängige Einheit des Systems ist ein terminologischer Eintrag. Der Eintrag enthält alle Informationen bezüglich eines einzelnen Terms (dem Stichwort) und setzt sich aus verschiedenen Merkmalen des Terms, einer textuellen Beschreibung des bezeichneten Begriffes, administrativen Angaben und Beziehungen zu anderen Termen zusammen. Kapitel 4.2.1 betrachtet diese Informationen näher und Abbildung 4.4 faßt die zu beschreibenden Merkmale und Informationskategorien eines terminologischen Eintrages zusammen.

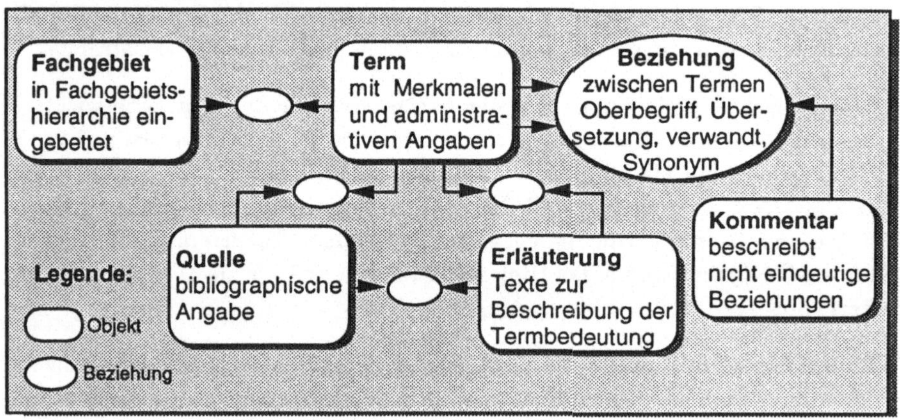

Abbildung 4.4:   Terminologische Objekte und Beziehungen zwischen ihnen

4.2.1.1   Der Term

Das Terminologiesystem nimmt ausschließlich fachsprachliche Terme auf, wobei der Term als Benennung eines Begriffes das Basisobjekt darstellt. Ein Term (oder eine fachsprachliche Benennung) ist dabei die mindestens ein Wort umfassende Bezeichnung eines Begriffes, der in geschriebener Form repräsentiert wird. Ein Term kann ein Wort oder eine Wortgruppe sein. Ein Wort besteht aus einem oder mehreren Wortelementen und ist als eine Folge von Zeichen zwischen zwei Leerstellen definiert. Ein Wortelement ist die kleinste bedeutungtragende Einheit der natürlichen Sprache. Eine

Wortgruppe besteht aus mindestens zwei getrennt geschriebenen, syntaktisch verbundenen Wörtern (DIN 2330 /19/).

4.2.1.2   Merkmale eines Terms

Die Merkmale eines Terms sind spezielle Attribute, die den Term näher beschreiben. Es handelt sich um termspezifische Angaben.

- Angaben zu <u>Sprache</u> und <u>Land</u> wie "*de - CH*" für einen in der Schweiz (*CH*) gebräuchlichen deutschen (*de*) Term (z.B. Benutzer versus Benützer), oder "*en - US*" für einen englischsprachigen (*en*) Term, wie er in Amerika (*US*) (z.B. petrol versus gas) verwendet wird.

- Angaben zum <u>Gebrauch</u>, die, wie oben ausgeführt, bestimmen, ob es sich um eine standardisierte Vorzugsbenennung, eine interne Firmenbezeichnung oder um Werbesprache handelt, bzw. ob ein technischer oder umgangssprachlicher Term vorliegt.

- Angaben zur <u>Grammatik</u>; dabei handelt es sich um Angaben wie "*Nf*" für Nomen femininum, oder "*Nnpl*" für sächliches Nomen im Plural (Bsp.: Daten) usw. Da die maschinelle Weiterverarbeitung der Einträge nicht beabsichtigt ist, wird auf das Abspeichern von detaillierten syntaktischen Informationen oder Vollformen verzichtet.

- Angabe von <u>Kollokationen</u>, die Zusammensetzungen des Terms zeigen wie typische Verbverbindungen oder Adjektivkonstruktionen (z.B. Katalysator reinigen, Motor einbauen, mageres Gemisch).

4.2.1.3   Administrative Angaben

- <u>Datum</u>: Es können verschiedene Daten herangezogen werden: das Datum des Ersteintrages, der letzten Änderung, wann ein spezielles Merkmal hinzugefügt oder eine bestimmte Beziehung eingegeben wurde. Um nicht zu viele Daten verwalten zu müssen, wird im hier beschriebenen Terminologiesystem nur die letzte Änderung dokumentiert, die bis zur ersten Änderung das Datum des Neueintrags beinhaltet.

- <u>Status</u>: Der Status gibt an, ob die Information gesichert und validiert oder nur vorläufig und ungesichert ist. Vor allem beim Abwägen zwischen verschiedenen, möglichen Termen ist diese Information für Übersetzer wichtig.

- <u>Verantwortlicher Terminologe</u>: Diese Angabe ist bei großen Termbanksystemen wichtig, um für Rückfragen, Zusatzangaben, Hinweise auf Fehler etc. einen Ansprechpartner zu haben.

4.2.1.4   Erläuterungen

Die Erläuterungen sind Texte, die den Term inhaltlich näher beschreiben, oder mögliche Umgebungen (Kontexte) des Terms aufzeichnen.

- <u>Definition:</u> Eine Definition ist eine verbale Beschreibung eines Begriffes. Formal gesehen, handelt es sich um ein Stück Text, der laut DIN2330 /19/ den Zusammenhang zwischen Begriff und Benennung herstellt und Begriffe voneinander abgrenzt, indem sie zu bereits bekannten Begriffen in Beziehung gesetzt werden. Es gibt im wesentlichen zwei Hauptformen von Definitionen, die Inhaltsdefinition, die die Intension des Begriffes durch Angabe von Merkmalen beschreibt, und die Umfangsdefinition, die die Extension des Begriffes durch eine Aufzählung aller unter den Begriff fallenden, individuellen Gegenstände beschreibt.

- <u>Norm:</u> Dabei handelt es sich um Ausschnitte nationaler oder internationaler Normen und Standards, die den Begriff festlegen. Da Normen sprachlich oft sehr formal sind und dem Übersetzer, wenn er das Fachgebiet nicht kennt, wenig nützen, sind sie als Zusatzangaben zu verstehen, die mehr an den Experten als an den Übersetzer adressiert sind.

- <u>Erklärung</u>: Eine Erklärung ist im Gegensatz zur Definition ein freier, auch längerer Text, der inhaltlich keinen formalen Bedingungen genügen muß. Die Erklärung beschreibt die Bedeutung eines Terms, stellt ihn in einen größeren Sinnzusammenhang, erläutert die Einordnung in ein Fachgebiet, indem sie ein individuelles Beispiel angibt oder bestimmte Eigenschaften herausstreicht.

- <u>Kontext</u>: Ein Kontext zeigt die Bedingungen für das Auftreten eines Terms in einem Text als Zusammenvorkommen mehrerer Wörter. Kontexte beinhalten die typische Umgebung eines Terms in einem abgeschlossenen Textstück als Sinnzusammenhang.

4.2.1.5   Das Fachgebiet

Angaben zum Fachgebiet sind notwendig, um polyseme Terme zu unterscheiden. Polysemie tritt dann auf, wenn ein Term zwei oder mehr Begriffe bezeichnet. Beispielsweise bezeichnet der Term „Katalysator" jeweils unterschiedliche

Begriffe, je nachdem, ob von der Automobiltechnik oder der Chemie die Rede ist.

4.2.1.6   Informationsquellen

Übersetzer sind häufig an der Quelle nicht nur der Definition sondern auch des Terms selbst interessiert, um die Qualität oder den Umfang der Information einschätzen zu können. Daher beinhaltet das Terminologiesystem auch die Quellen von Termen und Erläuterungen.

4.2.1.7   Beziehungen zwischen Termen

Für eine Termbank haben sich die folgenden Beziehungen als besonders relevant herausgestellt:

- Subordination: Dabei handelt es sich logisch gesehen um die Beziehung Ober-/Unterbegriff (z.B.: Maschine-Werkzeugmaschine), ontologisch gesehen um die Teil/Ganzes-Beziehung (z.B.: Motor-Kolben). Das Terminologiesystem nimmt die Art der Beziehung gemeinsam mit den betreffenden Termen auf.

- Äquivalenz: Eine Äquivalenzbeziehung kann zwischen zwei Termen sowohl interlingual - also zwischen Termen unterschiedlicher Sprache - als auch intralingual - das heißt zwischen Termen der gleichen Sprache - vorliegen. Im zweiten Fall, auch Synonymie genannt, bezeichnen zwei oder mehr Terme denselben Begriff, z.B. Natriumchlorid, NaCl, Kochsalz, Tafelsalz und Salz. Echte Synonyme sind selten, da häufig regionale, zeitliche oder stilistische Unterschiede vorliegen. Daher sollte man besser von Quasisynonymen ausgehen, d.h. zwei Terme besitzen einen hohen Grad an Bedeutungsähnlichkeit. Abkürzungen zählen auch zu den Äquivalenzbeziehungen, die in diesem Fall zwischen Kurzform und Langform besteht.

- Assoziation: Dabei handelt es sich um Beziehungen zwischen zwei Termen, die inhaltlich verwandt sind, zum Beispiel Cohyponyme oder Antonyme. Cohyponyme sind Terme, die einen gemeinsamen Oberbegriff besitzen (z.B. Schleifmaschine, Bohrmaschine mit gemeinsamem Oberbegriff Maschine). Antonyme sind Terme mit gegensätzlicher Bedeutung (z.B. mageres versus fettes Gemisch). Die verschiedenen Assoziationsbeziehungen können wie die hierarchischen Beziehungen behandelt werden. Bestandteil der Beziehung ist neben den beiden Termen selbst die Art der Beziehung, die zwischen ihnen besteht.

4.2.1.8   Äquivalenzbeziehung mit Kommentar

Zu einigen Äquivalenzbeziehungen ist ein Kommentar notwendig. Er soll dem Benutzer dabei helfen, sich für die passende Übersetzung zu entscheiden, wenn mehrere Möglichkeiten bestehen, die vom Fachgebiet, Stil oder Kontext abhängen. Abbildung 4.5 zeigt, wie ein Kommentar die Beziehungen zwischen den deutschen Termen *Regelung* und *Steuerung* und dem englischen Term *control* klären kann.

Ein Problem der bi- und multilingualen Termbanken sind die sogenannten Äquivalenzlücken (Freibott et. al. /32/). Diese Lücken liegen vor, wenn es zu einem Ausdruck in einer Sprache keinen entsprechenden Ausdruck in der anderen Sprache gibt. In diesen Fällen muß der Übersetzer auf eine Umschreibung, den Oberbegriff (Information geht verloren) oder einen Unterbegriff (Information wird hinzugefügt) zurückgreifen. Dies muß im Kommentar erläutert werden.

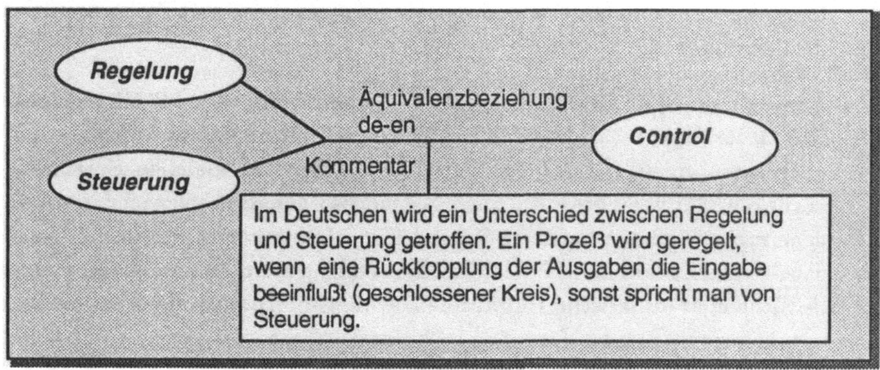

Abbildung 4.5:   Kommentar zu einer Äquivalenzbeziehung

4.2.1.9   Prototypischer terminologischer Eintrag

Abbildung 4.6 verdeutlicht an dem Beispiel des Terms *Auto* die eingeführten Informationskategorien und Merkmale.

Term	Benennung:	Auto
Merkmale	Sprache: Land: Grammatik: Gebrauch: Stil:	de De Nn Vorzugsbenennung umgangssprachlich
administrative Angaben	Datum: Terminologe: Status:	01.04.1991 R.M. grün
Erläuterung	Norm: — Definition: Kraftwagen zur Beförderung von bis zu 8 Personen, im Gegensatz zu Bus und LKW. (Quelle: MdF 1987) Erklärung: — Kontext: Die Benutzung von bleifreiem Benzin ist für Autos mit Katalysator zwingend. (Quelle: ZfA (5) 1988, S. 27)	
Fachgebiet	Fahrzeugkunde	
Quelle (Term)	----	
Beziehung	**Subordination** Oberbegriff: Unterbegriff: *Verweis auf:* Teile: Teil von:	Fortbewegungsmittel — Motor, Karosse, Chassis —
	Assoziativ *Verweis auf:* Verwandt:	Bus, Motorrad, LKW
	Äquivalenz Synonym: Abkürzung: *Verweis auf:* Englisch: Spanisch:	Wagen, Kraftfahrzeug *Kommentar* Automobil car, automobile *Kommentar* coche, automóvil *Kommentar*
Graphik		

Abbildung 4.6:   Prototypischer Termbankeintrag

4.2.2   Struktur der Termbankeinträge

Um die oben aufgeführten Informationskategorien in einer Datenbank abspeichern zu können, müssen sie abstrahiert und in eine formale Struktur gebracht werden (vgl. Date /18/).

4.2.2.1   Der Entity-Relationship-Ansatz

Zur Modellierung eines Datenschemas für relationale Datenbanken hat sich der Entity-Relationship-Ansatz (ER-Ansatz) (vgl. Chen /14/) durchgesetzt, der als Hilfsmittel der abstrakten Datenbetrachtung dient und eine formale Darstellung benutzt. Nach dem ER-Ansatz werden die Daten systematisiert und in die Form von Objekten und Beziehungen zwischen den Objekten gebracht. Die Objekte werden Entities, die Beziehungen Relationships genannt. Die Entities und Relationships werden in konkrete Datenstrukturen gebracht und für die physikalische Realisierung schematisiert. In wenigen Schritten gelangt der Designer zu einem Datenschema (vgl. Mayer /54/):

1. Bestimmung der Objekte (Entities)
2. Bestimmung der Beziehungen (Relationships) zwischen den Objekten
3. Erstellung des graphischen Entity-Relationship-Diagramms
4. Bestimmung der Attribute und Wertemengen
5. Prüfung, ob das Diagramm der Anwendung entspricht
6. Übersetzung des Diagramms in Relationen
7. Festlegung der Konsistenz- und Integritätsbedingungen
8. Entwurf des internen/physikalischen Formats.

Weitere Bestandteile des ER-Ansatzes sind Regeln zur Überführung der Datenstrukturen in Tabellen des relationalen DBMS und eine graphische Darstellung der Datenstrukturen. In der graphischen Darstellung (vgl. Abbildung 4.7) repräsentieren Rechtecke die Entities, Rauten die Relationships und kleine Kreise die Attribute.

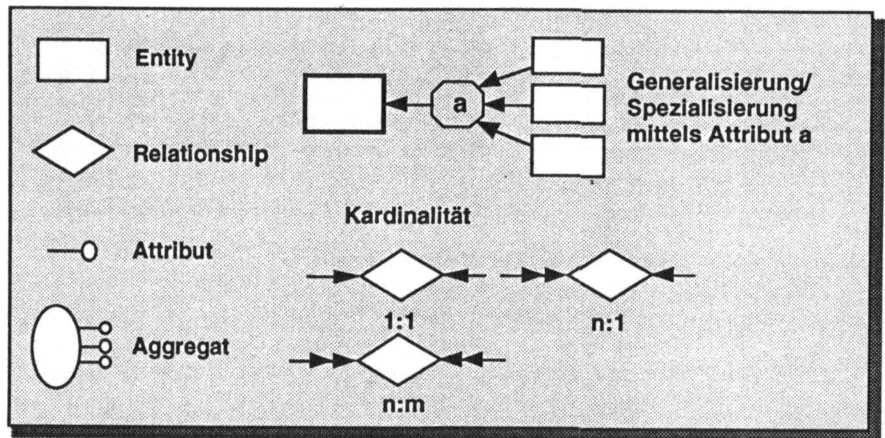

Abbildung 4.7: Diagramm-Komponenten eines Entity-Relationship-Modells, erweitertet um Aggregat und Generalisierung

Da der erste ER-Ansatz von Chen /14/ für komplexe Datenstrukturen nicht ausreichte, wurde er erweitert (vgl. Smith et. al. /83/ und Bussolatti et. al. /12/).

Erweiterungen, die auch für den Entwurf eines Datenschemas für das Terminologiesystem relevant sind, bilden die Abstraktionshierarchie (Spezialisierung resp. Generalisierung) und das Aggregat. Ein Aggregat ist eine Menge von Attributen, die eine Einheit bilden. Es wird im Diagramm als Oval dargestellt. Eine Entity E ist eine Generalisierung der Entities $E_1, \ldots, E_n$, wenn jedes Vorkommen von E auch ein Vorkommen mindestens eines der Entities $E_1, \ldots, E_n$ beinhaltet. Die Verteilung der Vorkommen von E kann von einer Eigenschaft von E abgeleitet werden, die als bestimmendes Attribut bezeichnet wird. Abbildung 4.7 zeigt die graphische Repräsentation dieser Abstraktionsformen in ER-Diagrammen.

Die dänische Termbank DANTERM wurde mit Hilfe des ER-Ansatzes modelliert. Die Betreiber haben sich bezüglich der Implementation für ein relationales Datenbanksystem entschieden. DANTERM wurde für die ganze dänische Sprachgruppe entwickelt: Handel, Industrie, die öffentliche Hand und internationale Institutionen erhalten Zugriff auf die Termbank. Der Zweck der Termbank liegt in Forschung und Lehre, in der Erstellung von Wörterbüchern und in der Übersetzung. Bei DANTERM steht der Begriff und nicht der Term im Zentrum des Systems. Das Herz der Termbank bildet daher die Definition, die auf mehrere Terme verweisen kann (vgl. Hinz et. al. /39/). Die Termbank arbeitet mit Sprachpaaren (dänisch-englisch, dänisch-deutsch, usw.).

4.2.2.2   Entities

Die in Kap. 4.2.1 eingeführten Objekte und Informationskategorien müssen in eine Struktur gebracht werden. Bei den Objekten handelt es sich um den Term, das Fachgebiet, die Erläuterung und die Quelle.

- Der *Term* mit linguistisch-terminologischen und administrativen Attributen steht im Mittelpunkt des Terminologiesystems.

- Die *Erläuterung* ist eine Generalisierung von Definition, Norm, Kontext und Erklärung. Erläuterung beinhaltet die semantische Beschreibung des Terms in Form verschiedener Texte.

- Die *Quelle* beinhaltet eine Beschreibung der Herkunft eines Terms oder eines Textes.

- Das *Fachgebiet* ist in eine Fachgebietshierarchie eingebettet, die den terminologischen Umfang der Termbank beschreibt.

- Der *Kommentar* liefert eine genaue Beschreibung der Äquivalenzbeziehungen von Termen. Sind mehrere Synonyme oder Übersetzungen möglich, erklärt der Kommentar den Unterschied. Bei Äquivalenzlücken wird auf die sprachspezifischen Eigenschaften eines Terms hingewiesen und die zielsprachliche Umschreibung geliefert.

- Die *administrativen Angaben* werden zu mehreren Informationskategorien benötigt. Da sie sich immer aus denselben Attributen zusammensetzen, ist es sinnvoll, die administrativen Angaben als Aggregat zu modellieren.

4.2.2.3   Relationships

Zwischen den oben genannten Entities existieren Beziehungen, die Relationships genannt werden. Abbildung 4.8 zeigt die Beziehungen, die zwischen den Entities bestehen. Für jede Relationship muß ihre Kardinalität festgehalten werden, um Bedingungen für die Modifikation zu formulieren und um die Relationships in der Datenbank zu realisieren. Man unterscheidet die Kardinalität 1:1, 1:n und n:m, je nachdem, wie viele Objekte der beteiligten Entities in Verbindung stehen können.

- Term-Term: Bei den Verbindungen zwischen zwei Termen werden sprachlich *intralinguale* von *interlingualen* unterschieden. Formal unterscheiden sich aber Äquivalenzbeziehungen wie Synonym, Übersetzung, Abkürzung und Variante (z.B. amerikanisches versus britisches Englisch) von den hierarchischen und assoziativen Beziehungen wie Oberbegriff, Teil-Ganzes und "verwandt-mit". Im ersten Fall kann zu den Termen der Äquivalenzrelation ein Kommentar hinzugefügt werden. Im zweiten Fall werden die Terme und die Art der Beziehung festgehalten. Dabei ist formal kein Unterschied zwischen Subordinations- und Assoziationsbeziehung. Jeder Term kann mehrere Verbindungen zu anderen Termen eingehen. Daher sind alle Term-Term Beziehungen von der Kardinalität n:m.

- Term-Text: Zu einem Term können mehrere Texte vorliegen. Zu jedem Text gehört mindestens ein Term, es können auch mehrere Terme auf einen Text verweisen. Texte ohne zugehörige Terme werden nicht aufgenommen. Es handelt sich bei Term-Text um eine n:m Beziehung.

- Term-Quelle: Vor allem bei seltenen Termen ist die Quellenangabe ein nützlicher Hinweis für Verwendung, Einsatz und Qualität eines Terms. Ein im Fachmagazin gebrauchter Term besitzt einen höheren Vertrauensgrad als ein in einer Bedienungsanleitung verwendeter Term. Ein Term kann in vielen Quellen vorkommen, es wird aber nur eine Quelle festgehalten. Da eine Quelle für mehrere Terme gelten kann, handelt es sich um eine 1:n Beziehung.

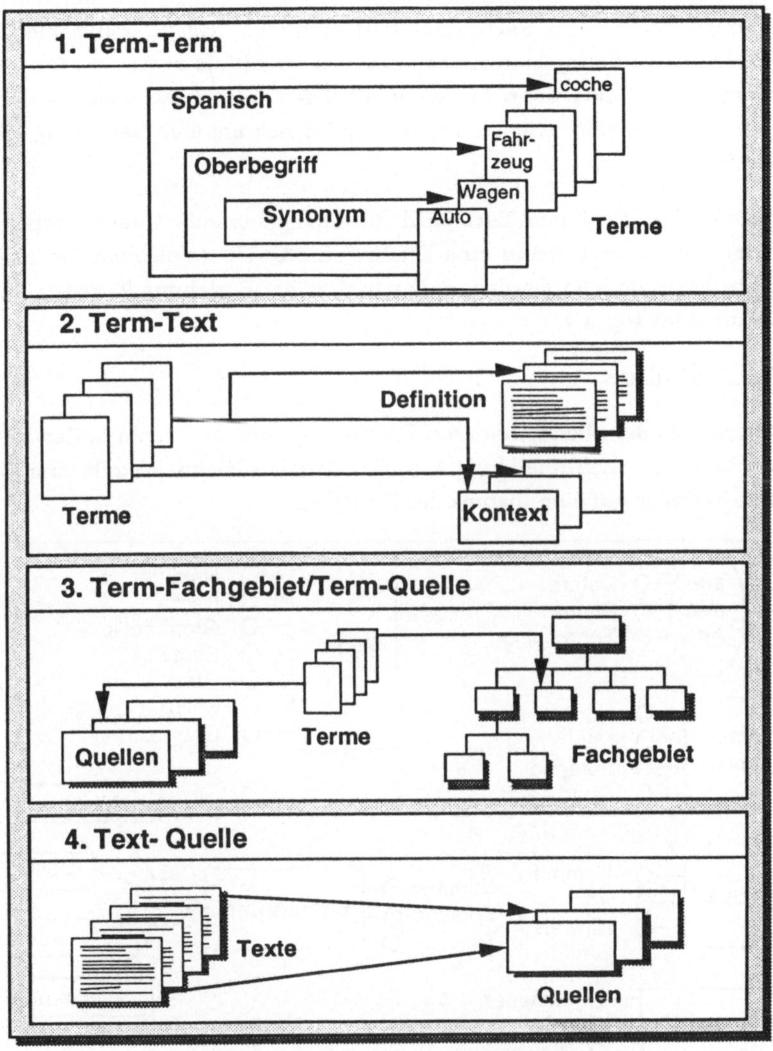

Abbildung 4.8:   Beziehungen zwischen Termbankobjekten

- **Term-Fachgebiet:** Jeder Term kann mindestens einem Fachgebiet zugeordnet werden. Die Fachgebietshierarchie liegt in allen Sprachen vor, ein englischer Term verweist somit auf ein englisches Sachgebiet. Der Term zusammen mit seinem Fachgebiet bestimmt den Begriff. Polyseme Terme *müssen* einen Fachgebietseintrag besitzen, damit sie unterschieden werden können. Ein Term kann mehreren Fachgebieten zugeordnet werden, ein Fachgebiet enthält viele Terme, es handelt sich um eine Beziehung mit der Kardinalität n:m.

- **Text-Quelle:** Zu jedem Text wird die dazugehörende Quelle gespeichert. Jeder Text besitzt genau eine Quelle, eine Quelle kann aber für mehrere Texte herangezogen werden, daher besitzt die Beziehung Text-Quelle eine Kardinalität von n:1.

<u>4.2.2.4   Attribute</u>

Die Merkmale der oben genannten Entities werden als Attribute der Entities gespeichert (vgl. auch Abbildung 4.9). Das Attribut Nummer stellt eine eineindeutige Referenz auf eine Instanz der Entity dar.

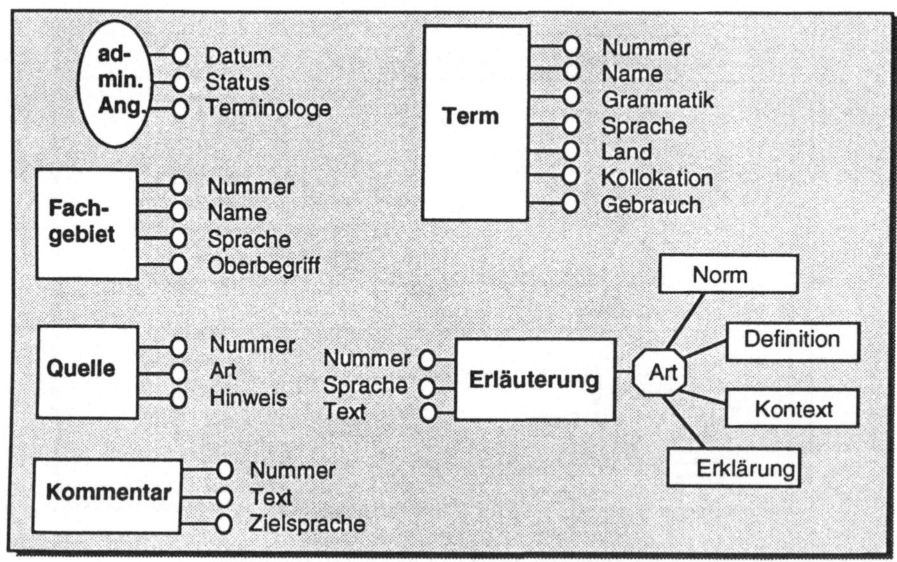

Abbildung 4.9:   Einfache und komplexe Termbank-Entities mit ihren
Attributen

<u>Term</u> besitzt die Attribute Termnummer, Benennung, syntaktische Angabe, Sprache, Land, typische Kollokationen und Gebrauch.

<u>Erläuterung</u> ist eine Generalisierung von Definition, Norm, Kontext und Erklärung und besitzt die Attribute Textnummer, Sprache und Art des Textes.

<u>Quelle</u> besitzt die Attribute Quellennummer, Art der Quelle (Magazin, Buch, Lexikon, Experte etc.) und die bibliographische Angabe.

<u>Kommentar</u> besitzt die Attribute Nummer, Text und Zielsprache. Es können mehrere Kommentare zu einem Term existieren, einer pro Zielsprache. Der Kommentar selbst ist meist in der Zielsprache formuliert, da Eigenheiten der Zielsprache den Inhalt des Kommentars ausmachen.

<u>Fachgebiet</u> ist mit den Attributen Fachgebietsnummer, Benennung, Oberbegriff (als Verweis auf ein anderes Fachgebiet) und Sprache ausgestattet.

<u>Administrative Angabe:</u> Das Aggregat besteht aus Datum der letzten Änderung, verantwortlicher Terminologe und Status der Information (validiert, ungesichert). Der *Status* wird abgekürzt in *rot* für unsicher, *gelb* für nicht vollständig validiert und *grün* für gesicherte Information.

Abbildung 4.10 zeigt das gesamte Datenschema des Terminologiesystems. Alle Entities und Relationships sind aufgelistet, sie können nun in physikalische DB-Relationen, das heißt Tabellen des RDBMS, übersetzt werden.

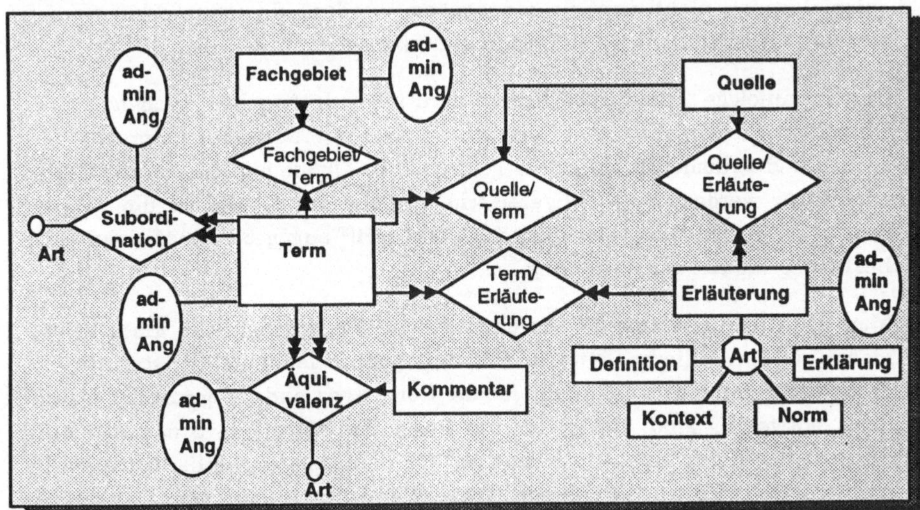

Abbildung 4.10: Entity-Relationship-Modell der Termbank

4.2.3   Verwaltung der Termbankeinträge

Wenn Inhalt und Struktur der Einträge festliegen, können sie in der Datenbank realisiert werden. Für die Überführung der ER-Diagramme in Relationen oder Tabellen gibt es Regeln. Wie in Kapitel 3.3.3 diskutiert, ermöglicht die Verwendung eines kommerziellen Datenbanksystems die Konzentration auf das Schema der Termbank. Es muß kein speichereffizienter Datenablagemechanismus gefunden werden, die Kompatibilität ist gewährleistet, die Synchronisation wird vom Datenbanksystem (DBS) übernommen. Aus diesen Gründen werden die Daten mit Hilfe eines existierenden, relationalen Datenbanksystems (Oracle) abgelegt. Welches der relationalen DBS, die auf dem Markt verfügbar sind, verwendet wird, spielt keine Rolle, solange das DBS eine normierte SQL-Schnittstelle hat. Dann ist der Wechsel zu einem anderen Datenbanksystem schnell realisierbar. Anhang A listet die Datenbank-Relationen des Terminologiesystems auf, wie sie in einer relationalen Datenbank abgelegt sind.

Zu jedem Term sind einige Informationen obligatorisch, die anderen optional. Manche Informationen können automatisch als Voreinstellung (sogenannte Defaultwerte) hinzugefügt werden. Das Eingabeprogramm ist für Prüfungen und die Einrichtung von Voreinstellungen verantwortlich. Das Datum muß beispielsweise nicht explizit eingegeben werden, die Nummern werden berechnet. Der Status wird zu Beginn auf rot gesetzt.

Der Terminologe muß darüberhinaus noch folgende Angaben machen: Obligatorische Angaben zum Term sind neben der Benennung Sprache, Gebrauch und Grammatik. Zu jedem Text muß die Quelle und die Art des Textes angegeben werden. Eine obligatorische Angabe zur Quelle ist die Art der Quelle. Zu jedem Fachgebiet muß der Oberbegriff angegeben werden, zu jeder Beziehung die Art der Beziehung.

Manche Attribute stammen aus einer festen Wertemenge. Um diese Wertemenge zu kontrollieren, müssen Bedingungen, sogenannte Constraints, bedacht und formuliert werden, die für die Konsistenz und Integrität der Datenbank notwendig sind. Beispielsweise kann die Wertemenge des Attributs *Sprache* die Werte *'de'*, *'en'*, *'fr'* und *'es'* für deutsche, englische, französische und spanische Einträge umfassen. Diese Wertemenge kann vom Datenbankverantwortlichen erweitert werden, wenn neue Sprachen hinzugefügt werden. Dies zieht auch eine Änderung der betroffenen Constraints (zum Sprachattribut) nach sich. Alle Constraints müssen bei der Implementation der Modifi-

kationskomponente berücksichtigt werden, die nur die zugelassenen Werte
erlaubt. Abbildung 4.11 zeigt die gültigen Attribut-Wertemengen.

Attribut	Wertemenge
Sprache	∈ {en, de, es, fr}
Land	∈ {US, UK, DE, CH, A, E, F, Me, Ve}
Gebrauch	∈ {Werbungssprache, Firmensprache, Umgangssprache, technisch, allgemein}
Stil	∈ {empfohlen, normiert, nicht gesichert, vorläufig}
Grammatik	∈ {Vi, Vt, Adj, Adv, Nm, Nn, Nf, N, Nmpl, Nfpl, CompN}
Status	∈ {rot, gelb, grün}
Art der Äquivalenzbeziehung	∈ {Synonym, Abkürzung, Variante, Übersetzung}
Art der Subordination	∈ {Teil, Ganzes, Oberbegriff, Unterbegriff, Cohyponym, Antonym, verwandt}
Art der Quelle	∈ {Norm, Magazin, Wörterbuch, Experte, Fachbuch, Zeitschrift}
Art des Textes	∈ {Definition, Erklärung, Kontext, Norm}

Abbildung 4.11: Attribut-Wertemengen

4.3   Vernetzung von Hintergrundinformation

Ein wichtiger Unterschied gegenüber herkömmlichen Termbanken stellt die
Bereitstellung zusätzlicher Hintergrundinformation dar. Diese ist durch die
Erklärungstexte gegeben. Die Texte werden aber nicht als isolierte Einheiten
gesehen, die nur einen Term beschreiben, sondern als Ausschnitte einer
Beschreibung eines Wissensgebiets. Die Erklärungstexte werden miteinander
verknüpft und gruppiert, es entsteht ein Netz von Texten.

Die dabei entstehende erweiterte Termbank trägt zu einer Verbesserung der
technischen Übersetzung und Dokumentation bei, da sie Übersetzern, die neu
in einem Gebiet arbeiten, den Einstieg erleichtert.

Miteinander verbundene Texte, die eine Einheit bilden und durch die der Benutzer navigieren kann sind als Hypertextsystem bekannt. Durch die Anleihe an Hypertextsystemen wird das erweiterte Termbanksystem im folgenden **Hyperterm** genannt.

Hypertext ist eine Methode der Informationsverarbeitung, bei der Objekte in einem Netzwerk gespeichert werden (vgl. Nielsen /59/, Conklin /17/). Man spricht auch von nicht-sequentiellen Textsystemen, da die Beschränkungen gedruckter Texte wie Linearität und feste Struktur überwunden sind. Bei Hypertext-Systemen ist der Gesamttext in Fragmente oder Wissenseinheiten unterteilt, die miteinander verknüpft sind. Die Einheiten oder Knoten des Netzwerkes können dabei verschiedene Formen annehmen wie Text, Bild, Ton, Video, Animation oder auch ein Programm. Wegen ihrer Medienvielfalt werden die Systeme auch als Hypermedia-Systeme bezeichnet.

Ben Shneiderman /80/ hat Kriterien aufgestellt, die entscheiden helfen, ob sich ein Anwendungsgebiet für die Aufbereitung als Hypertext-System eignet:
1.   Die Informationsmenge muß in Fragmente unterteilbar sein.
2.   Die Fragmente müssen zusammenhängen.
3.   Der Benutzer benötigt zu einem Zeitpunkt nur einen kleinen Ausschnitt.

Danach eignen sich terminologische Einträge zur Aufbereitung als Hypertextsystem besonders gut, da Erklärungstexte die Größe von Textfragmenten besitzen, die Erklärungen verschiedener Fachterme eines Fachgebietes zusammenhängen und der Übersetzer oder Dokumentar zu einem Zeitpunkt nur an einem Ausschnitt von Hyperterm interessiert ist.

Hyperterm erweitert das beschriebene Termbanksystem und bietet den Benutzern durch die Verbindung von Texten ein Netz von Hintergrundinformationen an. Für diese Erweiterung werden die Erklärungstexte verwendet, da sie sich wegen ihrer weitgehenden Begriffsbeschreibung dazu eignen, weitere Informationen zu erschließen.

4.3.1   Indexierung der Erklärungstexte

Um Verbindungen zwischen den Texten und Gruppen von Texten zu erarbeiten zu können, erstellt Hyperterm für jeden Erklärungstext der Termbank einen Repräsentanten, den Textdeskriptor. Dieser Vorgang wird Textindexierung genannt. Es gibt verschiedene Indexierungsverfahren, mit denen Deskriptoren aus einem Dokument erarbeitet werden können. Die Indexierung wird laut DIN 31623 /23/ zum Zweck der "inhaltlichen Erschließung sowie gezielten Wiederauffindung" durchgeführt. Die Erstellung des Deskriptors kann bei Artikeln oder Büchern auf das gesamte Dokument oder nur auf die Zusammenfassung und den Titel zurückgreifen.

4.3.1.1   Analyse der Erklärungstexte

Von einem technischen Standpunkt aus betrachtet bestehen Texte aus Fachwörtern, die bedeutungsrelevanten sind, und Stoppwörtern, die bedeutungsirrelevant sind. Stoppwörter setzen sich aus Funktionswörtern und Banalwörtern zusammen. Übertragen auf Hyperterm bestehen die Erklärungstexte aus

- Stoppwörtern,
- Termen, die in der Termbank eingetragen sind und
- Termkandidaten (vgl. Abbildung 4.12).

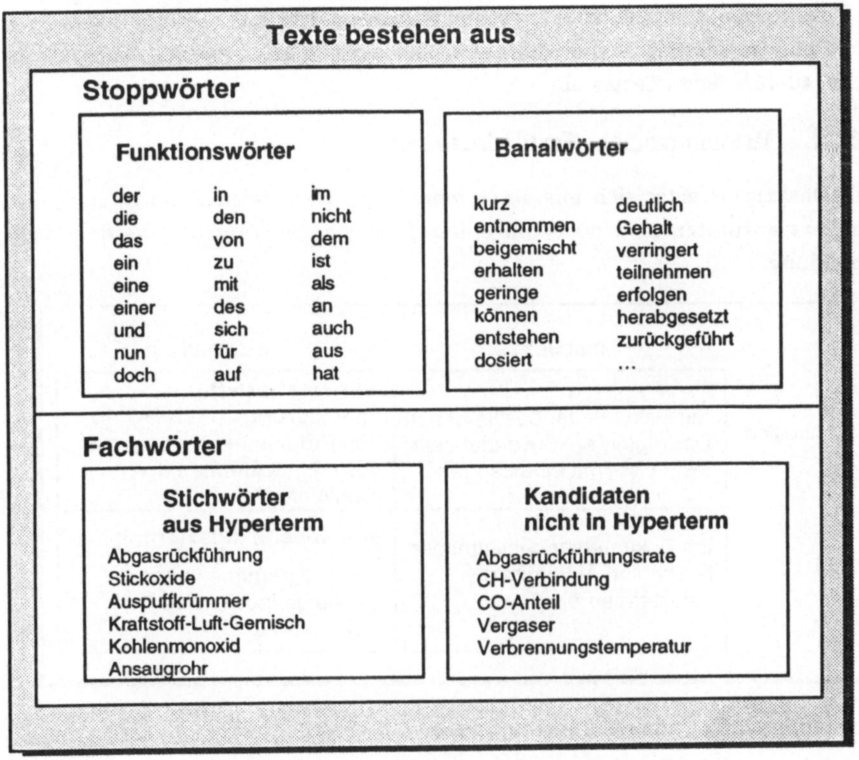

Abbildung 4.12: Zusammensetzung der Erklärungstexte

Funktionswörter setzen sich aus einer abgeschlossenen Menge hochfrequenter Wörter zusammen, die keine semantische, sondern nur eine strukturell-syntaktische Funktion haben. Sie gehören zum Grundwortschatz und machen ca. 50% jeden Textes aus. Es handelt sich um Artikel, Pronomina, Präpositionen, Konjunktionen, Modalverben, Hilfsverben und Partikel. Für alle europäischen Sprachen existieren Funktionswortlisten, die je nach Textsorte leichte Unterschiede enthalten. Eine Funktionswortliste setzt sich im Deutschen aus ca. 150, im Spanischen aus ca. 120 und im Englischen aus ca. 110 Wörtern zusammen.

Banalwörter sind bedeutungtragende Wörter, die aber zur Beschreibung des Textinhalts eines technischen Textes weniger relevant sind. Es handelt sich um Adverbien, Adjektive, eine Reihe von Verben (z.B. Modalverben) und Substantive, die eine hohe Frequenz aufweisen. Die Banalwörter bilden keine abgeschlossene Menge, die Liste wird permanent erweitert. Sie machen ca. 40-45% jeden Textes aus.

4.3.1.2   Bestimmung der Textdeskriptoren

Ein Deskriptor setzt sich aus einer Menge von Indextermen zusammen, die im Text enthalten sind oder von einem Dokumentar vergeben werden (vgl. Abbildung 4.13).

	manuell	automatisch
kontrolliert	Ein Dokumentar bestimmt den Deskriptor, er verwendet eine feste Liste mit Indextermen	**wissensbasierte Indexierung** Ein Programm bestimmt mit festen Indextermen den Deskriptor
frei	Ein Dokumentar bestimmt den Deskriptor, er vergibt die Indexterme frei	**statistische Indexierung** Ein Programm entnimmt beliebige Indexterme aus dem Text

Abbildung 4.13:   Indexierungsmethoden

Bei der manuellen Indexierung vergibt ein Dokumentar die Indexterme, bei der automatischen wird die Vergabe von einem Programm durchgeführt. Die kontrollierte Indexierung verwendet eine fest vorgegebene Liste von Indextermen, bei der freien Indexierung werden beliebige Terme aus dem Text als

Indexterme verwendet. Bei der automatischen, freien Indexierung wird einem Dokument mit Hilfe eines statistischen Verfahrens ein Deskriptor zugewiesen.

Die statistische Indexierung geht in folgenden Schritten vor:
1. Identifikation der Wörter in Titel und Abstract oder gesamtem Dokument
2. Entfernen aller "Stoppwörter" oder häufigen Wörter (und, die, der, ein etc.).
3. Reduktion der übrigen Wörter auf ihre Stammform (z.B. indem Suffixe entfernt werden und deklinierte bzw. konjugierte Wörter in ihre Grundform gebracht werden).
4. Ersetzung der Indexterme (das sind die Stammformen) durch Indexzahlen.

Das Dokument wird mit Hilfe dieses Verfahrens als eine Liste von Zahlen beschrieben. Das Verfahren reduziert den Text auf einen Bruchteil seiner vorherigen Größe. Manche Verfahren hängen noch einen fünften Schritt an; sie berechnen die Häufigkeiten der Terme und versehen die Indexterme mit Gewichten. Das Gewicht beschreibt das Verhältnis von der Anzahl aller Indextermen eines Dokumentes zu einem bestimmten Indexterm.

5. Berechnung der Vorkommenshäufigkeit (dem Gewicht) jeder Stammform.

Die statistische Indexierung findet im Information Retrieval eine große Verbreitung. Sparck Jones /85/ hat bewiesen, daß gewichtete Indexterme zu einem effektiveren Retrieval führen als nicht gewichtete. Sie hat gezeigt, daß wenn ein Indexterm n in N Dokumenten erscheint, dann steigert ein Gewicht von $\log(\frac{N}{n}) + 1$ die Retrievaleffektivität. Dabei machte sie die Erfahrung, daß Terme mit mittlerer Häufigkeit die höchste Unterscheidungskraft besitzen.

Jedes Dokument D_i des Dokumentenraumes $\mathcal{D}$ wird als Vektor dargestellt, der das Gewicht von jedem Indexterm T_j repräsentiert:

$$D_i = \left(g_{ij}\right)_{j=1}^{N},$$

wobei g_{ij} die Häufigkeit des Indexterms T_j im Dokument D_i ist.

Um eine bessere Beschreibung und damit eine höhere Erkennungsrate zu erhalten, werden bei der Textanalyse neben den statistischen auch linguistisch basierte Verfahren eingesetzt. Das Ziel linguistisch basierter Methoden ist es, die Deskriptoren zu reduzieren und zu normalisieren. Der Text wird morphologisch, syntaktisch und semantisch untersucht. Polyseme Terme werden nach Kontext unterschieden, Synonyme und Varianten mit Hilfe eines Thesaurus ersetzt (vgl. Smeaton /82/). Der Vergleich mit einem Thesaurus wird dann zwischen Schritt drei und vier des oben beschriebenen Verfahrens eingefügt. Ein Thesaurus ordnet Begriffe hierarchisch-semantisch an und verweist auf verwandte und synonyme Begriffe. Er kann bei der Textanalyse und bei der Bearbeitung der Suchanfrage eingesetzt werden. Linguistische Verfahren werden bei IR-Systemen auch zur Beantwortung natürlich-sprachiger Anfragen eingesetzt.

Die durch Indexzahlen codierten Stammformen eines Textes werden mit ihren Gewichten in einer Liste abgelegt und bilden den Deskriptor des Textes. Die Indexterme werden dem Dokument zugewiesen; ein Zeiger verweist an die betreffende(n) Stelle(n) im Dokument. Manche IR-Systeme verwenden eine Dokument-Deskriptor-Matrix, um das Vorkommen eines Indexterms in einem Dokumentenraum zu verzeichnen. Abbildung 4.14 zeigt eine Dokument-Deskriptor-Matrix, wie sie im Retrievalsystem SMART (vgl. Salton /74/) eingesetzt wird. Dabei repräsentiert jede Zeile ein Dokument, jede Spalte einen Deskriptor. Der Wert von $Gewicht_{ij}$ ist 0, wenn der Terminus T_j nicht im Dokument D_i enthalten ist. Wenn T_j im Dokument enthalten ist, erhält das Gewicht einen Wert aus dem Intervall $]0,1]$, abhängig von der Vorkommens-häufigkeit des Begriffes im Dokument (vgl. Salton et. al. /75/).

	$Indexterm_1$	$Indexterm_2$	...	$Indexterm_n$
$Dokument_1$	$Gewicht_{11}$	$Gewicht_{12}$	...	$Gewicht_{1n}$
$Dokument_2$	$Gewicht_{21}$	$Gewicht_{22}$	...	$Gewicht_{2n}$
...	...		...	
$Dokument_m$	$Gewicht_{m1}$	$Gewicht_{m2}$	...	$Gewicht_{mn}$

Abbildung 4.14: Dokument-Deskriptor-Matrix

Bei der Indexierung fallen große Datenmengen an, die so aufbereitet werden müssen, daß der Vergleich einer Anfrage mit den Dokumenten nicht zu lange dauert oder durch die Wahl geeigneter Software- und Hardware-Strukturen effektiv gestaltet ist (vgl. Rasmussen et. al. /70/).

4.3.2   Termkandidaten

Übersetzer können häufig die Bedeutung eines unbekannten Terms erschlies-sen, wenn sie ihn im Kontext sehen. Viele, vor allem neue Terme, sind nicht als Stichwort in der Termbank enthalten, sie werden aber in Erklärungen oder

Definitionen verwendet. Allein das Vorkommen eines ihm unbekannten Terms in einem Text liefert dem Übersetzer einen Ansatz zum Browsen und vermittelt einen Anhaltspunkt zum Erschließen der Bedeutung. Daher macht es Sinn, diese Terme, die in Hyperterm Termkandidaten genannt werden, aufzuspüren und den Benutzern zur Verfügung zu stellen. Es handelt sich um Terme, die nicht als explizite Einträge in der Datenbank abgespeichert sind, sondern in Erklärungstexten verwendet werden.

Um Termkandidaten aus den Texten zu filtern, oder die Ähnlichkeit von Texten zu erarbeiten, werden die Erklärungstexte beim Eintragen in die Datenbank analysiert und bearbeitet. Abbildung 4.15 zeigt, wie die Texte bearbeitet werden, um die Terme zu extrahieren, die als Termkandidaten in Frage kommen.

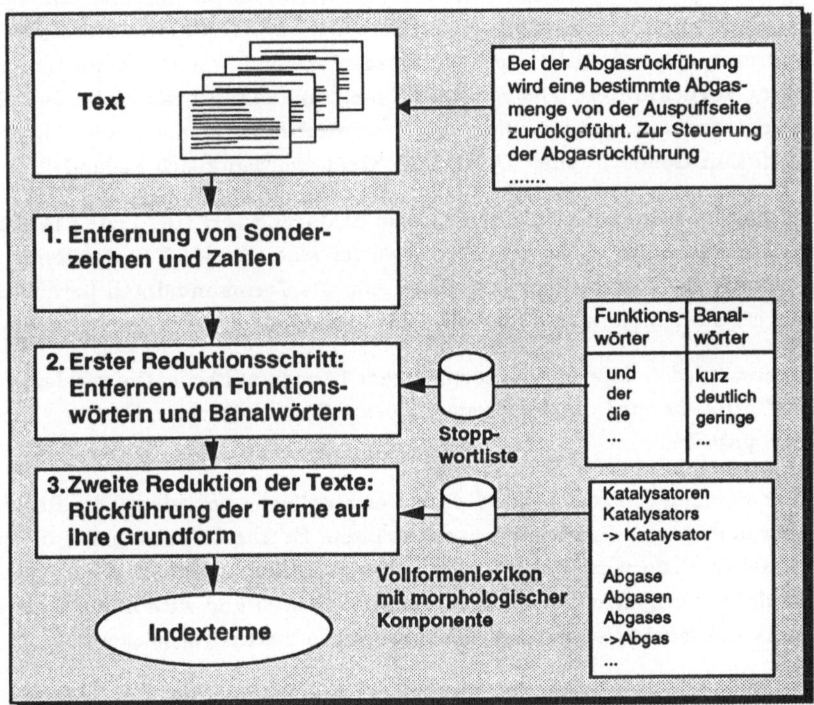

Abbildung 4.15:   Erarbeitung der Indexterme aus dem Text

Für die Textbearbeitung muß der Text aufbereitet werden. Dazu werden zunächst Satzzeichen, Zahlen und spezielle Zeichen (z.B. Klammern, Prozentzahlen) entfernt. Um die Termkandidaten zu erhalten, wird der Text in zwei

Schritten reduziert, d.h. die nichtrelevanten Wörter werden gestrichen. Die Reduktion lehnt sich an das oben beschriebene statistische Indexierungsverfahren an, verzichtet auf die Schritte vier und fünf. Die Indexterme werden wie folgt erarbeitet:

- Alle Terme, die in der Stoppwortliste stehen, werden aus den Texten entfernt. Es empfiehlt sich aus Effizienzgründen, in der deutschen Stoppwortliste die Banalwörter mit ihren Vollformen aufzunehmen. Es ist zu aufwendig, zuerst alle Banalwörter in die Grundform zu bringen und erst dann die Stoppwörter zu eliminieren, da Banalwörter mehr als 40% eines Textes ausmachen.

- Die restlichen Terme werden in ihre Grundform gebracht (z.B.: "Katalysators", "Katalysatoren" wird in die Grundform "Katalysator" gebracht). Für die Rückführung der Terme in die Grundform gibt es Programme, die mit Hilfe eines Vollformenlexikons Wörter in die Grundform zurückführen. Dabei ist zu beachten, daß Schreibvarianten als solche erkannt werden. Beispiel: "Kraftstoff-Luft-Gemisch" und "Kraftstoff/Luft-Gemisch" oder "Oxyd" und "Oxid" werden gleich behandelt.

Nach diesen zwei Schritten gibt es zu jedem Erklärungstext eine Liste von Termen in der Grundform, die keine Stoppwörter sind. Sie sind in der Reihenfolge, wie sie im Text stehen, aufgelistet. Um die Termkandidaten herauszufiltern wird diese Liste weiter bearbeitet (vgl. Abbildung 4.16).

- Zuerst werden doppelte Vorkommen von Termen entfernt. Die verbleibende Termliste wird mit den Hypertermeinträgen verglichen, Einträge werden gestrichen.

- Die übrigen Terme werden dem Terminologen vorgelegt, da Rechtschreibfehler darin enthalten sein könnten. Er kann Übernahmen in die Banalwortliste vornehmen und fehlerhafte Terme streichen. Die gegebenenfalls korrigierte Liste enthält Termkandidaten und wird in der Datenbank mit einem Verweis auf den zugehörigen Text abgespeichert.

Wird auf eine Überprüfung der Kandidaten verzichtet, muß ein Qualitätsverlust in Kauf genommen werden. Die Terme sollten dann aufgesammelt und zu einem späteren Zeitpunkt vom Terminologen überprüft werden.

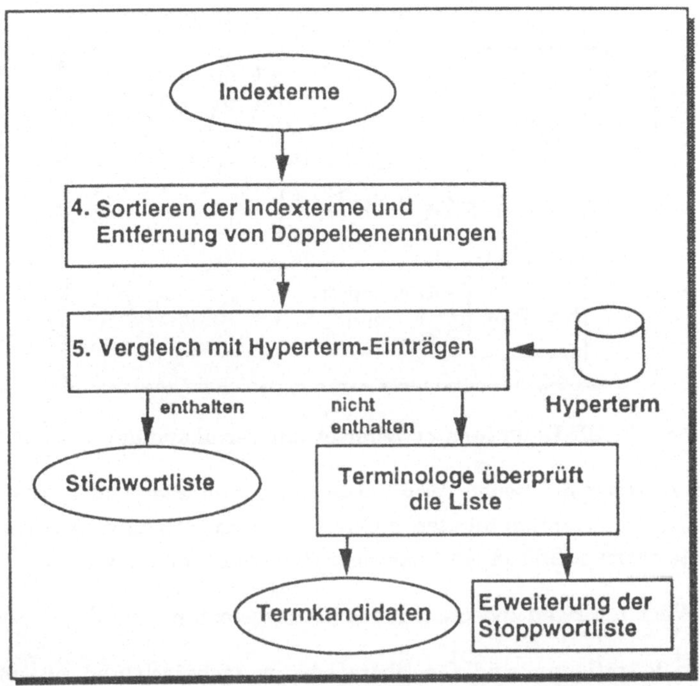

Abbildung 4.16: Erarbeitung der Termkandidaten

Die Termkandidaten werden in die Datenbank eingetragen. Zu dem oben eingeführten ER-Modell (vgl. Kap. 4.2.2) kommt nun noch die Entity *Kandidat* hinzu, die in Beziehung zu der Entity *Erklärung* steht. Den entsprechend erweiterten Ausschnitt des Entity-Relationship-Diagramms zeigt Abbildung 4.17. Die Entity *Kandidat* enthält als Attribut den Termkandidaten und die Sprache. Ferner werden die Verwaltungsangaben festgehalten. Ein Kandidat steht in Beziehung zu dem dazugehörenden Erklärungstext. Da ein Termkandidat in mehreren Erklärungen auftauchen kann und eine Erklärung mehrere Termkandidaten enthalten kann, handelt es sich um eine Beziehung der Kardinalität n:m. Sucht ein Benutzer einen Term in Hyperterm, wird er zuerst mit den Einträgen verglichen. Ist der Term nicht als Stichwort enthalten, werden die Termkandidaten herangezogen. Ist der gesuchte Term ein Termkandidat, gibt Hyperterm dem Benutzer den Erklärungstext mit einem entsprechenden Hinweis aus.

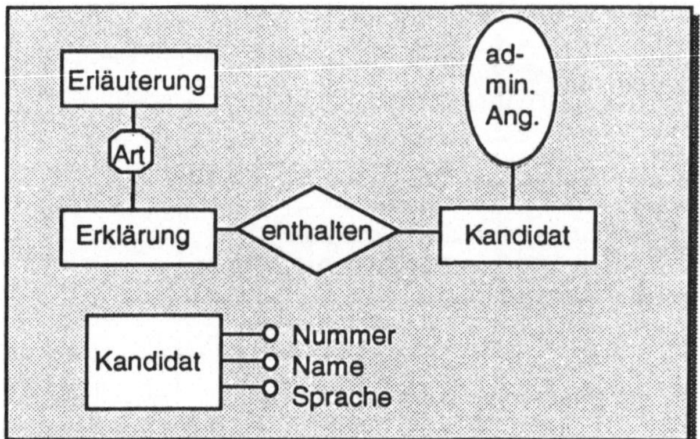

Abbildung 4.17: ER-Diagramm erweitertet um Termkandidaten

Wird in Hyperterm ein neuer Term hinzugefügt, muß überprüft werden, ob er in der Liste der Termkandidaten steht. In diesem Fall muß der Term aus dieser Liste entfernt und in die Stichwortliste aufgenommen werden.

4.3.3   Verbindungen zwischen den Erklärungstexten

Viele Termdefinitionen sind für Übersetzer zu technisch und nützen ihm, wenn er nicht auch Experte im Fachgebiet ist, wenig. Daher enthält Hyperterm neben den formalen Definitionen auch ausführliche Erklärungen, die eine breite Information zum Term geben und eine Einarbeitung in ein Fachgebiet ermöglichen. Eine Erklärung für sich beschreibt einen einzelnen Sachverhalt. Um ein ganzes Fachgebiet zu erfassen, benötigt der Benutzer mehrere Erklärungen, die ihm in Form eines Textnetzes angeboten werden. Der Benutzer erhält Verweise auf zusätzliche Informationen und kann an Textstellen, wo er mehr Information benötigt, andere Texte aktivieren, die mit dem aktuellen Text in Zusammenhang stehen.

Die wichtigsten Komponenten eines Hypertext-Systems (vgl. Abbildung 4.18) sind eine Datenbank, in der die Informationen abgelegt werden, die Benutzungsoberfläche, die den Benutzern die Objekte und ihre Verbindungen graphisch am Bildschirm anzeigt, und als Zwischenschicht die abstrakte Ebene des Netzwerkes mit den Knoten und Kanten (vgl. Campbell et. al. /13/). Die Datenbank beinhaltet die physikalische Realisierung der Knoten und Kanten und ist damit der maschinenabhängige Teil des Hypertextsystems. Die Benutzungsoberfläche eines Hypertextsystems offeriert neben dem direkten

Zugriff auf die Knoten einen Browser, der die Navigation durch das Netz ermöglicht.

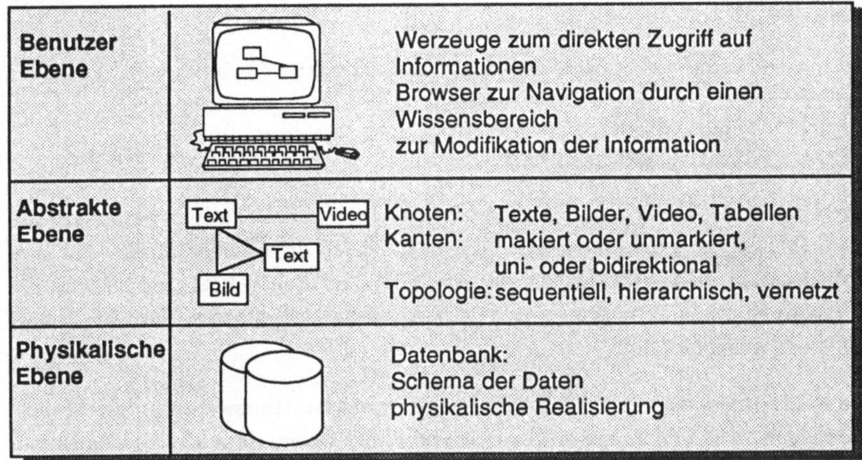

Abbildung 4.18: Ebenen eines Hypertext-Systems

Die abgelegten Daten werden auf abstrakter Ebene als Netzwerk aus Knoten und Kanten betrachtet. Manche Hypertext-Systeme erlauben nur einen Typ von Knoten oder Kanten und haben eine feste Netztopologie, andere bieten mehrere Varianten an.

4.3.3.1   Explizite Verbindungen

Verweise von Text zu Text werden in Wörterbüchern mit "siehe auch bei ..." oder durch einen Pfeil (↑) gekennzeichnet. Der Autor verweist damit auf andere, in der Termsammlung enthaltene Einträge. Er verweist nicht auf alle Terme, die im Text verwendet wurden und als Stichworte vorhanden sind. Teilweise wird ein Verweis bewußt nicht eingesetzt, da der Terminologe an der Stelle den Verweis als nicht sinnvoll erachtet, teilweise aber, weil der Terminologe nicht weiß, daß ein Eintrag vorhanden ist. Ob es einen Eintrag zu den Termen gibt, kann der Leser dann nur durch Nachschlagen herausfinden.

Hyperterm speichert Verweise zwischen den Erklärungstexten. Beim Eintrag neuer Texte werden sinnvolle Verweise zu anderen Texten erarbeitet und eine entsprechende Verbindung gesetzt.

Explizite Verbindungen zwischen Texten werden über Terme eingerichtet, die im Text verwendet werden und selbst als Stichwort in Hyperterm gespeichert sind. Der Erklärungstext wird analysiert und wie in Abbildung 4.15 gezeigt, indexiert. Der Vergleich der Indexterme mit Hyperterm resultiert in den expliziten Verbindungen.

Hyperterm kennt neben den expliziten auch implizite Verbindungen zwischen den Texten.

4.3.3.2 Implizite Verbindungen

Um implizite Verbindungen handelt es sich, wenn Verweise zwischen solchen Texten eingerichtet werden, die semantisch etwas miteinander zu tun, also einen ähnlichen Inhalt haben. Ähnliche Texte sind Erklärungstexte, die in einem Sinnzusammenhang mit dem Ausgangstext stehen; d.h. der Inhalt der Texte überlappt sich.

Die Erklärungstexte und die Verbindungen zwischen ihnen formen ein Hypertextsystem: Aus der Termbank wird Hyperterm. Es entsteht ein Netzwerk von miteinander verbundenen Texten. Dabei bilden die Erklärungstexte die Knoten von Hyperterm. Die Kanten oder Hypertermlinks sind die impliziten und expliziten Textverbindungen. Die Verbindungen werden berechnet und automatisch eingefügt.

Die impliziten Verbindungen sind bidirektional, da für zwei Texte A und B gilt, daß wenn A ähnlich B, dann gilt umgekehrt auch, daß B ähnlich A. Ähnliche Texte bilden eine Gruppe, auch Cluster genannt. Jede Gruppe beinhaltet alle Texte zu einem abgeschlossenen Fachgebiet. Zwischen den Texten eines Clusters bestehen implizite Verbindungen. Das nächste Kapitel beschreibt, wie die Cluster und die impliziten Verbindungen erarbeitet werden.

4.3.4 Clusterung von Texten

Die impliziten Verbindungen zwischen Texten werden nach der im Information Retrieval (IR) verwendeten Clustermethode erarbeitet und den Benutzern durch einen Verweis angeboten. Diese Verweise unterstützen vor allem Übersetzer, die sich neu in ein Arbeitsgebiet einarbeiten müssen.

4.3.4.1 Clusterung und Clustersuche

Die Aufgabe des Information Retrieval ist die Darstellung, das Speichern, die Archivierung, und das Wiederfinden von Informationen in einem Informationssystem (IS) (vgl. van Rijsbergen /72/, Salton et. al. /75/). Es handelt sich dabei um einen stark interaktiven Prozeß, der von Seiten des Benutzers mit

einem Informationsdefizit startet (vgl. Abbildung 4.19). Diese Aufgabe des IR
und auch der Aufbau von IR-Systemen lassen sich auf Hyperterm übertragen.
Die Informationen sind terminologischer Art, die Dokumente entsprechen den
Einträgen.

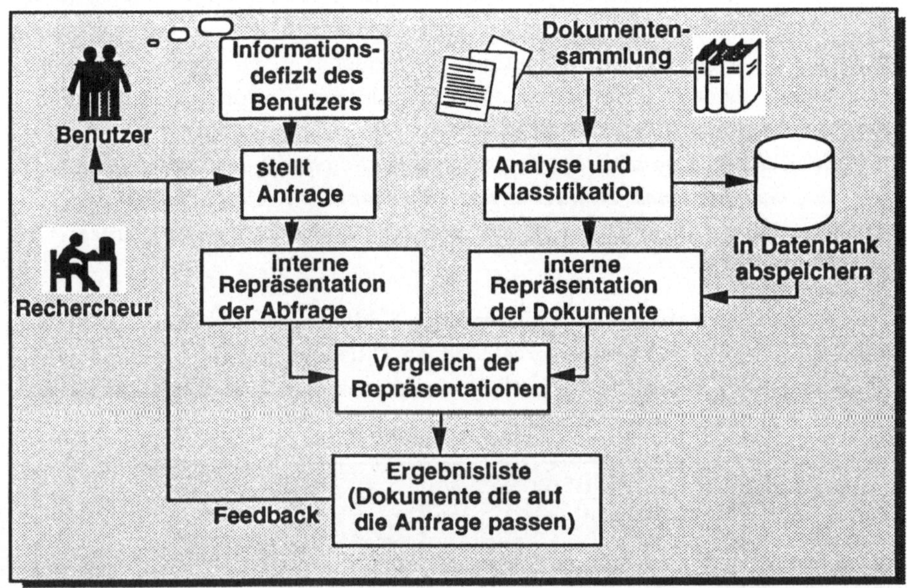

Abbildung 4.19: Überblick über den Information-Retrieval-Prozeß

Ein IR-System sucht entsprechend einer Benutzeranfrage in der verfügbaren
Datenmenge Dokumente oder Hinweise auf Dokumente. Dokumente und Anfragen werden zuvor indexiert und in eine interne Form gebracht. Die
Repräsentanten werden miteinander verglichen. Als Ergebnis liefert das
System dem Benutzer eine Menge von Dokumenten oder Referenzen auf
Dokumente. Dieser Vorgang wird Recherche genannt. Die Datensammlung
setzt sich dabei aus einer internen Repräsentation der Informationen zusammen (vgl. Belkin et. al. /6/). Der Benutzer überarbeitet diese Liste und stellt
gegebenenfalls eine modifizierte Suchanfrage an das System. Er kann dabei
durch eine detailliertere Anfrage die Anzahl der gefundenen Dokumente
reduzieren, durch die Verwendung weniger spezifischer Suchterme kann er
sie erhöhen.

Da bei großen Dokumentenbeständen der Vergleich aller Dokumente mit der
Suchanfrage zu aufwendig wird, wurden Methoden eingeführt, um die An-

zahl der Vergleiche zu reduzieren. In sogenannten Klassifikations- oder Clusterverfahren werden ähnliche Dokumente gruppiert. Jede Gruppe (jedes Cluster) wird durch einen Merkmalsvektor repräsentiert (vgl. Panyr /67/). Die Clusterhypothese besagt, daß alle Texte in einem Cluster gleich relevant bezüglich einer Suchanfrage sind. Rijsbergen schreibt, *closely associated documents tend to be relevant to the same requests* (/72/ S. 47). Dabei ist es nicht die Aufgabe der Clustermethode, Dokumente in vorgegebene Klassen einzuteilen, sondern Klassen mit ihren distinktiven Merkmalen zu formulieren. Übertragen auf Hyperterm heißt das:

> *Ein Cluster behandelt ein Thema und setzt sich auf der Objektebene aus verschiedenen Erklärungstexten zusammen. Alle Erklärungstexte eines Clusters sind gleich relevant für die Erarbeitung eines Themas.*

Die Menge aller in Hyperterm verwendeten Erklärungstexte bildet eine Enzyklopädie. Die Texte können verschiedenen Clustern zugeteilt werden (vgl. Abbildung 4.20). Jedes Cluster enthält eine Anzahl von Texten, ein Text kann in mehr als einem Cluster enthalten sein.

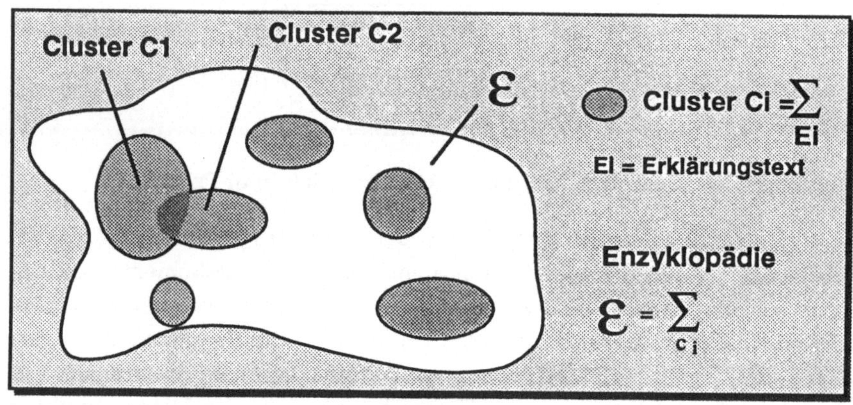

Abbildung 4.20: Gruppierte Erklärungstexte

Eine wichtige Anforderung an eine Clustermethode ist, daß sie stabil gegenüber Änderungen ist, und daß sich ein Cluster von anderen Clustern genügend unterscheidet. Ferner dürfen kleine Fehler bei der Zuweisung eines Textes zu einem Cluster keine großen Veränderungen nach sich ziehen (vgl. Panyr /67/). Die Zugehörigkeit zu einem Cluster muß für jeden Erklärungstext berechnet werden. Diese Berechnung basiert auf dem Textdeskriptor, der jedem Text zugewiesen wurde. In Hyperterm setzt sich der Textdeskriptor aus den gewichteten Stichwörtern und Termkandidaten zusammen.

Prinzipiell können sich Texte überlagern wie in Abbildung 4.21 zu sehen ist. Sind zwei Texte wie im Fall (d) ohne eine Überdeckung, so muß sicher gestellt sein, daß sie sich nicht im selben Cluster befinden. In den Fällen (a) und (b) dagegen muß der Cluster-Algorithmus gewährleisten, daß die Texte im selben Cluster sind. Für den Fall (c) gilt nur bedingt ein gemeinsamer Cluster. Hier greifen andere Bedingungen wie z.B. minimale/maximale Clustergröße, die mitentscheiden, ob die Texte demselben Cluster zugewiesen werden.

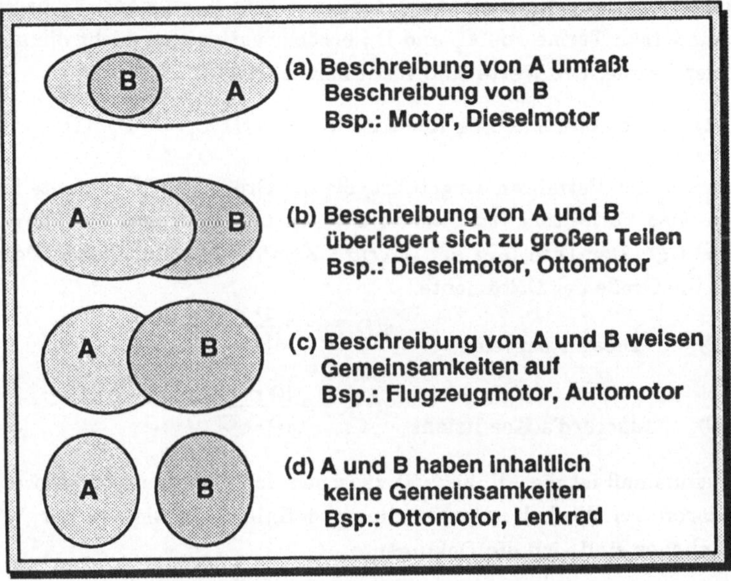

Abbildung 4.21:   Überlagerung von Texten

Für die Aufteilung von Dokumenten in Cluster werden die Deskriptoren miteinander verglichen. Um einen Textdeskriptor nicht mit allen Deskriptoren vergleichen zu müssen, werden Cluster-Repräsentanten eingeführt. Ein Cluster-Repräsentant C_r steht für alle Texte bzw. Deskriptoren, die das Cluster bilden. Die Deskriptoren neuer Texte werden nur noch mit den Cluster-Repräsentanten verglichen. Ein Text wird zu den Clustern hinzugefügt, bei denen die Cluster-Repräsentanten dem Textdeskriptor am ähnlichsten sind. Bei der Clustersuche wird jede Anfrage mit allen Cluster-Repräsentanten verglichen, was die Antwortzeit - verglichen mit nicht-geclusterten Dokumentenräumen - erheblich herabsetzt. Werden zusätzlich die Cluster hierarchisch angeordnet, so kann die Anzahl der Vergleiche weiter minimiert werden.

4.3.4.2   Ähnlichkeitsmaße

Mit Hilfe eines Korrelations- oder Ähnlichkeitsmaßes s_{ij} läßt sich die Ähnlichkeit zweier Dokumentenvektoren i und j bzw. die Ähnlichkeit eines Deskriptors mit einem Cluster-Repräsentanten C_r messen: $s_{ij} = s (D_i, D_j)$ bzw. $s (D_i, C_r)$

Es werden verschiedene Ähnlichkeitsmaße unterschieden (vgl. Willett /93/):

Der Simple matching Koeffizient ist der einfachste Koeffizient. Er beschreibt die gemeinsamen Terme von C_r und D_i, berücksichtigt aber nicht die absolute Anzahl der Terme. Die Werte sind nicht normalisiert.

$$(1) \qquad \text{Simple matching Koeffizient} \qquad s (D_i, C_r) = |D_i \cap C_r|$$

Es wurden daher Verfahren eingeführt, die die Größe der Dokumente berücksichtigen. Das Verhältnis von Summe aller Terme, zu einem Indexterm wird berücksichtigt. Der Dice und der Jaccard Koeffizient sind normalisiert und beachten die Größe der Dokumente.

$$(2) \qquad \text{Dice's Koeffizient} \qquad s(D,C) = 2\frac{|D \cap C|}{|D| + |C|}$$

$$(3) \qquad \text{Jaccard's Koeffizient} \qquad s(D,C) = \frac{|D \cap C|}{|D \cup C|}$$

Beim Cosinusmaß ist die Ähnlichkeit zwischen den Dokumentenvektoren bzw. Deskriptoren als Winkel zwischen ihnen definiert. Je kleiner der Winkel, umso ähnlicher sind sich die Dokumente.

$$(4) \qquad \text{Cosinus Koeffizient} \qquad s(D,C) = \frac{|D \cap C|}{\sqrt{|D|} \cdot \sqrt{|C|}}$$

Die Werte der Koeffizeinten bewegen sich zwischen 0 und 1. Für jede Anwendung muß empirisch erarbeitet werden, wieviele Cluster gewünscht sind, welche maximale oder minimale Größe von Clustern zugelassen ist und wie groß der Schwellwert ist, der die Zugehörigkeit zu einem Cluster bestimmt.

4.3.4.3   Einteilung der Erklärungstexte in Cluster

Für Hyperterm gilt, daß die Anzahl der Cluster beliebig groß sein darf. Die maximale Anzahl von Texten pro Cluster wurde aus Benutzbarkeitsgründen auf zehn festgelegt. Das heißt, daß nicht mehr als zehn Texte in einem Cluster enthalten sein dürfen, da ein Hinweis auf mehr als zehn Texte einem Benutzer kaum zumutbar ist. Beobachtungen über einen längeren Zeitraum könnten ergeben, daß die Zahl zehn nicht adäquat ist. Es dürfen auch Cluster mit nur einem Text existieren (z.B. wenn ein Fachgebiet neu eingerichtet wird oder Texte aus Randbereichen aufgenommen werden). Steigt die Anzahl der Cluster, die nur einem Text enthalten, stark an (betrifft es mehr als 25% der Cluster), muß der verwendete Clusteralgorithmus bzw. der Schwellwert überprüft werden.

Viele Zuteilungsverfahren benötigen mehrere Durchläufe durch die Texte, einige wenige Methoden erfordern nur einen einzigen Durchgang und werden daher Single-Pass-Algorithmen genannt. Rijsbergen (/72/ S. 39) beschreibt einen Single-Pass-Algorithmus wie folgt:

   (1) the object descriptions are processed serially

   (2) the first object becomes the cluster representative of the first cluster

   (3) each subsequent object is matched against all cluster representatives existing at its processing time

   (4) a given object is assigned to one cluster (or more if overlap is allowed) according to some condition on the matching function

   (5) when an object is assigned to a cluster the representative for that cluster is recomputed

   (6) if an object fails a certain test it becomes the cluster representative of a new cluster.

In Hyperterm werden Erklärungstexte mit ähnlichen Deskriptoren basierend auf einem Single-Pass-Algorithmus zu einer Gruppe zusammengefaßt. Das unten beschriebene Verfahren (vgl. auch Abbildung 4.22) verwendet die Termliste (vgl. Abbildung 4.15), die nach den ersten Reduktionsschritten aus dem Erklärungstext entsteht. Es besteht aus fünf Schritten:

1. Die Auftrittshäufigkeit des Indexterms im Erklärungstext ist zu bestimmen und sein Gewicht daraus zu berechnen. Das Gewicht beschreibt das Verhältnis eines Indexterms zu allen Indextermen im Text. Die resultierende Liste wird als Vektor D repräsentiert. Dabei sind t_i die Terme, und g_i die Gewichte.

$$D = (t_1\, g_1, t_2\, g_2, \ldots, t_n\, g_n)$$

2. Die Textdeskriptoren werden hintereinander bearbeitet. Der erste Deskriptor wird zum Cluster-Repräsentant des ersten Cluster. Jeder nachfolgende

Deskriptor wird mit allen existierenden Cluster-Repräsentanten verglichen.

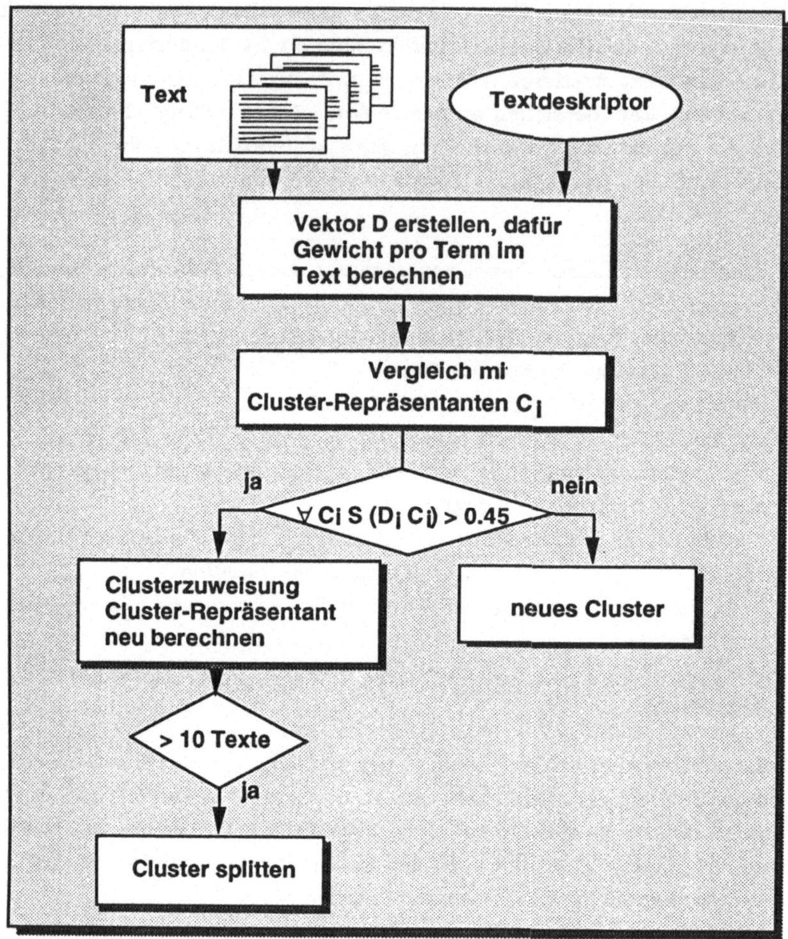

Abbildung 4.22: Bestimmung der Cluster

3. Der verwendete Algorithmus benutzt ein Ähnlichkeitsmaß und vergleicht den Deskriptor mit allen Cluster-Repräsentanten. Es wird entschieden, in welche(s) Cluster der Text eingeordnet wird. Der Algorithmus ermittelt die Ähnlichkeit s(D,C) von Deskriptor D und Cluster-Repräsentant C. Es wird der oben beschriebene Jaccard-Koeffizient verwendet, da seine Berechnung

bei zufriedenstellendem Ergebnis am wenigsten Aufwand bedeutet. Der empirisch festgelegte Schwellwert beträgt 0.45.

4. Wenn ein Text einem Cluster zugeordnet wurde, wird der Cluster-Repräsentant neu berechnet. Der Cluster-Repräsentant oder Zentroidvektor summiert über alle Erklärungstexte das Gewicht des Indextermes i. Er wird wie folgt berechnet:

$$C = \frac{1}{n} \sum_{i=1}^{n} \frac{D_i}{\| D_i \|}$$

, $\| D_i \|$ ist dabei die Euklidsche Norm.

Ist der Cluster zu groß, wird er gesplittet.

5. Wenn ein Text in keinen Cluster paßt, wird der Deskriptor zum Repräsentanten eines neuen Clusters.

Ein Cluster wird gesplittet, indem die beiden Deskriptoren, die sich am wenigsten ähnlich sind, zu Repräsentanten neuer Cluster werden. Die verbleibenden Deskriptoren werden neu verglichen und einem der beiden Cluster zugewiesen. Da ein Text in mehreren Clustern enthalten sein kann, ist eine Überprüfung weiterer Cluster nicht nötig.

Eine Clusterliste enthält bis zu zehn Erklärungstexte und ist einem bzw. mehreren Texten zugeordnet. Ein Erklärungstext kann mehreren Clustern zugeordnet sein, ein Cluster besteht aus ein bis zehn unterschiedlichen Texten. Dadurch ergänzt sich das Hyperterm-Modell von Abbildung 4.10 um eine weitere Entity *Cluster*, die in Abbildung 4.23 dargestellt ist. Die Entity besteht aus den Attributen Cluster-Nummer und einer Referenz auf die Erklärungstexte.

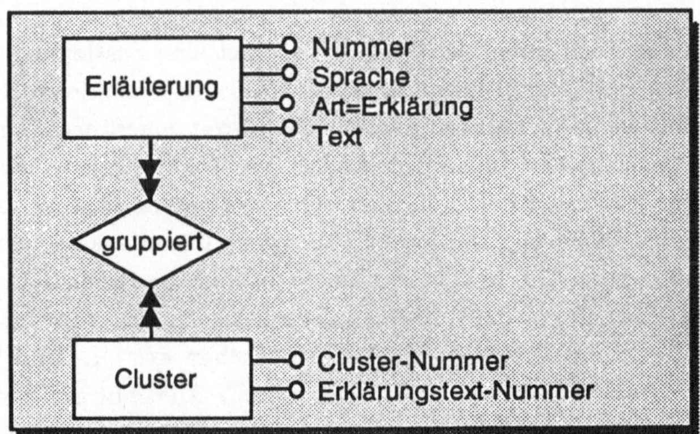

Abbildung 4.23: Datenbank, erweitert um die Entity Cluster

5. Entwicklung der Benutzungsoberfläche

Die Entwicklung der Hyperterm-Oberfläche strebt eine einfache Handhabung des Systems an. Nach einer Analyse von Benutzerkreis und Anforderung an die Oberfläche wird die Funktionalität und das Layout der Oberfläche definiert, implementiert und evaluiert. Die Präsentation von Hyperterm und eine frühe Einbeziehung der Benutzer in die Gestaltung spielt eine wesentliche Rolle bei der Gestaltung der Mensch-Computer-Schnittstelle. Die Schnittstelle Übersetzer - Hyperterm wird nach ergonomischen Gesichtspunkten entworfen (vgl. Fähnrich et. al. /29/) und mit den Übersetzern getestet.

Die Benutzungsoberfläche nimmt bei der Entwicklung von Hyperterm eine zentrale Rolle ein, da alle Informationen über die Oberfläche abgerufen werden und sie somit das Erscheinungsbild des Systems prägt. Übersetzer stehen einer Benutzung von Computern teilweise ablehnend gegenüber, da sie eine Vernichtung oder zumindest Enthumanisierung ihres Arbeitsplatzes fürchten (vgl. Krollmann /46/). Bei Übersetzern handelt es sich meist um Computerlaien. Der Benutzerdialog muß so gestaltet sein, daß das System später auch akzeptiert und eingesetzt wird. Um das zu erreichen, müssen die Benutzer früh in die Dialoggestaltung und in das Design des Systems einbezogen werden.

Bullinger /8/ beschreibt die Vorgehensweise zur Gestaltung von Dialogsystemen als einen iterativen Prozeß, der die Phasen Definition, Implementation und Evaluation mehrfach durchläuft. Sind die Benutzer in die Entwicklung der Oberfläche frühzeitig eingebunden, dann können die Designer rechtzeitig auf Änderungswünsche reagieren und die Oberfläche optimal den Bedürfnissen der Benutzer anpassen.

Die Definition der Benutzungsoberfläche beinhaltet eine Festlegung der Interaktionstechniken und darauf aufbauend die Wahl der Dialogform (vgl. Abbildung 5.1). Interaktionstechniken lassen sich in systemgeführte, benutzergeführte und in Mischformen davon unterteilen (vgl. Ilg et. al. /44/). Die systemgeführte Interaktion führt den Benutzer schrittweise zur Lösung seiner Aufgabe, sie läßt sich in Form von Menüs, Prompting und Masken- oder Formulardialogen realisieren. Die benutzergeführte Interaktion zeigt dem Benutzer die Eingabebereitschaft an und läßt ihn aktiv seine Kommandos formulieren. Gemischte Interaktionstechniken wechseln zwischen system- und benutzerinitiierten Schritten oder bieten eine umfangreiche Auswahl an Interaktionsschritten an. Die direkte Manipulation (DM) ist ein Beispiel einer gemischten

Interaktionsform. Die Entscheidung, welche Interaktionsform realisiert wird, hängt von der Arbeitsaufgabe, der vorhandenen Technologie und den Vorkenntnissen der Benutzer ab.

Es bietet sich an, die Suchkomponente von Hyperterm mittels systemgeführtem Dialog und direkt-manipulativer und menügesteuerter Dialogform zu realisieren. Für die Modifikationskomponente eignet sich ein Formulardialog (vgl. Mayer /53/); der Terminologe bestimmt die zu verändernden Felder und arbeitet in dem so bestimmten Ausschnitt des Eintrags (vgl. Kap. 5.4).

Die Aufgaben, die mit einem herkömmlichen Lexikon gelöst werden konnten, müssen von Hyperterm optimal unterstützt und erweitert werden. Eine Erfahrung der Akzeptanzforschung besagt, daß das Neue sich so einfach wie das Bekannte handhaben lassen muß. DIN 66234 /24/ definiert Aufgabenangemessenheit: "...die Erledigung einer Aufgabe darf mit EDV nicht länger dauern als ohne...". Im Vergleich zu gedruckten Nachschlagewerken ergeben sich für Hyperterm neue Nutzungsmöglichkeiten, die den Rahmen der herkömmlichen Benutzungssituationen sprengen und die Lösung völlig neuer Aufgaben ermöglichen. Diese zusätzlichen Verwendungsmöglichkeiten müssen von der Oberfläche offeriert und unterstützt werden.

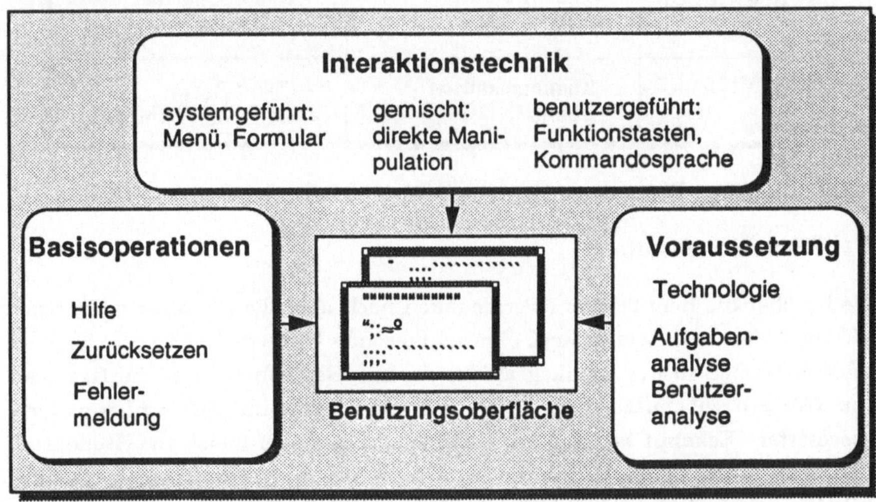

Abbildung 5.1: Komponenten, die auf die Gestaltung der Benutzungsoberfläche einwirken

Bei der Realisierung einer Oberfläche bringen User Interface Management Systeme (UIMS) große Vorteile für Benutzer und Entwickler (vgl. Bullinger /10/). Die Architektur eines UIMS umfaßt vier Ebenen, die sich auf Hyperterm übertragen lassen (vgl. Abbildung 5.2).

* Die Ein/Ausgabe-Ebene bestimmt die Kommunikation zwischen dem System und den Endgeräten.
* Die Präsentations-Ebene bestimmt, wie die Objekte dem Benutzer präsentiert werden.
* Auf Dialog-Ebene wird die Interaktion festgelegt.
* Die Anwendungs-Ebene bestimmt Struktur und Ablauf der Objekte.

Ebene	Beschreibung	Hyperterm
Anwendung	semantische Ebene Objektmanipulation	Informationssuche Termbank / Hypertext
Dialog	syntaktische Ebene Dialogmanagement	direkter Zugriff Navigation
Präsentation	Objekt-Ebene MOTIF	Multilingualität Resourcen
Ein/Ausgabe	Kommunikations Ebene	Client-Server virtuelles Terminal

Abbildung 5.2:   Ebenen der Hyperterm-Oberfläche

5.1 Hyperterm-Benutzer

Weder über die Benutzer von Termbanken noch über die Benutzer gedruckter Wörterbücher und Lexika liegt eine umfassende Untersuchung vor. Der Forschungsbereich in der Lexikographie, der die Bedürfnisse und Fertigkeiten von Wörterbuchbenutzern analysiert, ist laut Hartmann /38/ nicht weit fortgeschritten. Bekannt ist, daß Wörterbuchbenutzer sich meist aus Studenten, Lehrern, technischen Redakteuren, Übersetzern, Sekretärinnen, Lexikographen und Terminologen sowie Fachexperten zusammensetzen (vgl. Wiegand /90/). Schon in der Schule wird der Umgang und die Arbeit mit gedruckten Nachschlagewerken gelernt. Dabei dient das Alphabet zur Sortierung und zum Wiederauffinden der Wörterbucheinträge. Neben dem Alphabet muß der Suchende auch die korrekte Schreibweise der Einträge kennen, um

den entsprechenden Eintrag zu finden. Nach der Grobsuche, d.h. dem Auf-
schlagen des Buches an einer bestimmten Stelle, beginnt die Feinsuche, d.h.
Vor- und Zurückblättern, Anlesen von Einträgen, bis der gewünschte Eintrag
gefunden ist. Das Alphabet spielt bei der Benutzung einer Termbank keine
Rolle. Der Benutzer greift direkt auf einen Eintrag zu.

Untersuchungen zeigten (vgl. Hartmann /38/), daß viele Benutzer nur den
Anfang von Wörterbucheinträgen lesen und somit wichtige Informationen am
Ende des Eintrags nicht berücksichtigen. Eine Termbank kann mit ihrer erweiterten Möglichkeit der Inhaltsdarstellung alle Aspekte eines Eintrags so
darstellen, daß Teilaspekte nicht untergehen.

Es gibt keine gesicherte Erkenntnis, wer warum was wann und wo in einem
Lexikon sucht. Wiegand /90/ nennt folgende Motive, die bei der Textlektüre
oder -produktion die Heranziehung eines Lexikons veranlassen:
• unbekannter Begriff, Wortbedeutungslücke
• unbekannte Verwendungsweise eines Terms, Wortgebrauchsunsicherheit
• Abgrenzung zweier Begriffe gegeneinander, Wortdifferenzierungslücke
• Suche nach einer alternativen Formulierung
• Suche nach einer Verallgemeinerung, Spezialisierung oder Nuancierung.

Hyperterm wird für technische Übersetzer, die wenig Erfahrung mit com-
puterunterstützter Übersetzung haben, konzipiert. Übersetzerinnen und Übersetzer der Fremdsprachenabteilung ZSD (zentrale Sprachendienste) der
Mercedes-Benz AG standen als Testpersonen für die Termbank zur Verfügung. Sie hatten zuvor wenig Erfahrung mit Computern und benutzten bei
Projektbeginn Schreibmaschine, Wörterbuch und Karteikarten für ihre Arbeit.

5.2 Die direkte Suche

Ausgangslage jeder Suchoperation ist ein Wissensbedürfnis, eine Situation, in
der die verfügbare Information nicht befriedigend oder ausreichend ist. Eine
schwierige Aufgabe besteht darin, die richtige Frage zu finden. Kann ein
Benutzer eine Suchanfrage nur vage formulieren, benutzt er Rekonstruktions-
regeln, die auf den drei aristotelischen Assoziationsprinzipien beruhen (vgl.
Clauß et. al. /15/), nämlich der Ähnlichkeit (ähnlich wie), dem Kontrast (das
Gegenteil von) und der räumlichen Koexistenz (nahe bei).

Bates hat verschiedene Suchtaktiken formuliert (vgl. Bates /4/), die den kognitiven Prozeß der Problemfindung unterstützen, z.B. Ideentaktiken wie Brain-
storming, anderen Fokus setzen, oder pragmatische Taktiken wie verschie-

dene Schreibweisen verwenden, benachbarte Terme, Ober/-Unterbegriffe etc. einsetzen.

Es ist noch unklar, wie der Mensch Informationen, die im Gedächtnis abgespeichert sind, wiederfindet. Gegenstände werden häufig über Farbe, Form oder Ort gesucht, z.B. "das Zitat stand in dem kleinen, rot-eingebundenen Buch links unten". Verschiedene Untersuchungen ergaben, daß ein Begriff (als kognitives Objekt) und seine Benennung in verschiedenen Formen abgespeichert werden. Neben der *Bedeutung* des Begriffes können folgende Aspekte festgestellt werden (vgl. Zimmer /97/):

- ein *visueller* Aspekt, das Schriftbild,
- ein *motorischer* Aspekt, das "Schreibprogramm",
- ein *artikulatorischer* Aspekt oder das "Sprechprogramm" und
- ein *akustisch-auditiver* Aspekt, das Lautbild.

Verschiedene Beobachtungen und Phänomene führen zu der Feststellung, daß der Begriff diese zusätzlichen Aspekte besitzt:

- Ein bei der Produktion von Texten bekanntes Phänomen ist, daß ein Wort "auf der Zunge liegt". Der Benutzer hat eine genaue Vorstellung vom Suchbegriff, kann ihn selbst aber nicht *benennen*. Das führt zu der Annahme, daß Inhalt und Form getrennt gespeichert werden.
- Ein anderes Phänomen ist, daß Schüler einen Text zwar laut vorlesen, aber anschließend den Textinhalt nicht erklären können. Das führt zu der Annahme, daß ein vom Inhalt getrenntes Sprechprogramm vorliegt.

Freiburg /31/ unterscheidet verschiedene Modelle menschlicher Suchstrategien: wiedererkennendes Suchen (retrieval by location), beschreibendes Suchen (retrieval by content) und konzeptuelles Suchen (retrieval by concept). Für die Definition einer Suchkomponente muß beachtet werden, daß die unterschiedlichen Strategien in einem System integriert sind, wobei der Wechsel der Strategie oder eine Kombination verschiedener Strategien jederzeit möglich sein muß. Angewandt auf Hyperterm, lassen sich die Suchstrategien wie folgt verwirklichen:

- das *wiedererkennende* Suchen: Es ist für einen Menschen einfacher, aus einer Liste von Namen den gesuchten wiederzuerkennen, als sich aktiv daran zu erinnern. Die Retrievaloberfläche muß dem Benutzer verschiedene Listen anbieten, die beispielsweise alle Terme mit einem bestimmten Muster (Wildcardsuche) oder alle Terme eines Fachgebietes anbietet. Ferner müssen geeignete Browsing- und Selektionsfunktionen zur Verfügung gestellt werden, die es - von einem Text ausgehend - erlauben, weitere Informationen oder Texte zu erschließen.

- das *beschreibende* Suchen: Oft kann ein Benutzer den Suchterm nicht explizit benennen, sondern nur inhaltlich beschreiben ("auf der Zunge liegen"). Der Benutzer muß die Möglichkeit haben, mittels Deskriptoren ein Dokument zu beschreiben und zu selektieren. Für Hyperterm bedeutet das, daß der Benutzer nach allen Erklärungstexten suchen kann, die Informationen zu einem bestimmten Thema bieten (Selektion eines oder mehrerer Cluster).

- das *konzeptuelle* oder semantische Suchen: Das menschliche Gedächtnis arbeitet beim Finden von gespeichertem Wissen mit Assoziationsketten. Von einem verwandten Begriff ausgehend, wird die eigentliche Information über Navigation durch ein Wissensnetz erarbeitet. Der Benutzer bewegt sich im System. Die Retrievaloberfläche muß dafür eine einfache Funktion zum Navigieren oder Browsen vorsehen.

Für die Suche benötigt der Benutzer Strategien und Operationen, die die interaktive Konstruktion einer Suchanfrage ermöglichen. Eine direkte Frage muß ein direktes Ergebnis liefern. Die Suchanfrage muß einfach geändert oder präzisiert werden können, die dazugehörende, gefundene Information wird ausgegeben.

Der direkte Zugriff gliedert sich in
- Zugriff über Namen (z.B.: "Motorschutzschalter")
- Zugriff über Teile des Namens (Realisiert durch wildcards z.B.: "%motor%" bringt alle Einträge, die den Teilstring "motor" in sich tragen)
- Zugriff über einen semantischen Filter (z.B.: Alle Terme aus dem Fachgebiet *Werkzeugmaschinen*)

Das Retrieval muß Fragen nach einer oder mehreren Informationen zu einem Term ermöglichen. Ist der Term nicht so in der Datenbank vorhanden, wie der Benutzer ihn eingegeben hat, wendet das System verschiedene Strategien wie Suche nach Schreibvarianten an. Bei Mehrwortbenennungen kann das System versuchen, die einzelnen Komponenten zu finden. Wenn keine Strategie zum Erfolg führt, gibt das System eine entsprechende Nachricht aus.

Nicht nur die Formulierung der Suchfrage sondern auch die Darstellung der Antwort muß bei der Gestaltung der Oberfläche bedacht werden. Das Lesen vom Bildschirm ist immer anstrengender als das Lesen vom Papier. Der

Informationstext soll so übersichtlich wie möglich dargestellt werden mit großem Schrifttyp, markante Stellen sollen hervorgehoben werden. Blinken oder die Verwendung von Farben darf nur vorsichtig eingesetzt werden.

5.3 Navigation in Hyperterm

Schon 1945 beschrieb Vannevar Bush /11/ ein theoretisches System namens Memex (Akronym für memory extender), welches das gesamte Wissen eines Menschen beinhaltet. Memex erlaubt es, Objekte miteinander zu verknüpfen und den individuell eingerichteten Verbindungen beim Lesen nachzugehen, man spricht dann von Navigieren.

Die Visualisierung eines Verweises auf einen anderen Text ist auf verschiedene Arten möglich: durch zusätzlich eingeführte Zeichen wie einen Pfeil (↑) oder durch inhärente Merkmale wie Farbe, Fettdruck, Kursivdruck, etc. Meistens ist im Ausgangsobjekt der Startpunkt oder Anker einer Verbindung gekennzeichnet, z.B. durch Fettdruck oder Umrahmung. Man spricht von "embedded menues" (vgl. Marchionini et. al. /50/), wenn der Anker bei Berühren mit dem Cursor sichtbar wird, indem er aufleuchtet oder blinkt. Wird der Anker selektiert, erscheint das Zielobjekt der Verbindung auf dem Bildschirm. Die Metapher, die den Benutzer auf einen Navigations-Startpunkt aufmerksam macht, muß dann einheitlich für das gesamte System gelten.

Die Navigation durch ein Begriffsfeld (das Browsing) ist ein interaktiver Prozeß, eine Strategie der Informationssuche. Browser sind einfacher zu bedienen als eine Abfragesprache und eignen sich für die Informationssuche besonders, wenn die Suchterme nicht klar spezifiziert sind (vgl. Marchionini /49/). Ein Vorteil des Browsing liegt darin, daß es nicht nur die direkte Information sondern auch das Umfeld, den Kontext anbietet. Nach Ben Shneiderman /80/ ziehen Benutzer das Browsen der direkten Suche vor,
1. wenn das Suchobjekt nicht eindeutig benannt werden kann
2. weil das Browsen einfacher ist, als eine Suchanfrage zu formulieren
3. wenn das Informationssystem so angelegt ist, daß das Browsen naheliegt und unterstützt wird. Das System lädt zum Browsen ein.

Die Beanspruchung des Kurzzeit- und Langzeitgedächtnisses der Benutzer soll auf ein Minimum beschränkt werden. Dafür muß das System Operationen und Methoden anbieten, die dem Benutzer eine leichte Orientierung ermöglichen. Werkzeuge wie Überblicksdiagramme (wo bin ich?), Verlaufsprotokolle (wie kam ich hierher?), Backtracking (wie komme ich zurück?) und Hinweise wie Navigationshilfen (was kann ich tun?) sowie Statusinformationen müssen angeboten werden. Eine Detailbetrachtung ermöglicht ein Zoom oder alternativ dazu der sogenannte Fish-Eye View (vgl. Furnas /35/), der von einem Ausschnitt des Überblickdiagramms verschiedene Detailebenen zeigt.

Bei allen Funktionen muß der Benutzer immer die Kontrolle über das System haben und darf sich nicht fremdgeleitet empfinden. Dadurch, daß der Benutzer die Möglichkeit besitzt, beliebig vielen Verbindungen nachzugehen, kann es passieren, daß er nicht mehr nachvollziehen kann, wie er in den gegenwärtigen Zustand kam. Er sieht sich plötzlich einem überfüllten und unklaren Bildschirm gegenüber. Das Problem der Desorientierung, auch als "lost in hyperspace" (vgl. Conklin /17/) beschrieben, hat seinen Ursprung in der kognitiven Überforderung des Benutzers.

Es ist zu beachten, daß der Benutzer immer rekonstruieren können muß, welche Dokumente er schon gesehen hat, wie viele noch anstehen und wie er in einen vorherigen Zustand zurückkehren kann. Der Bildschirm muß optimal genutzt werden, darf nicht überladen werden, muß aber die notwendige Information auf einen Blick anbieten. Ted Nelson /58/ hat schon 1966 gefordert, die Bildschirme so groß wie das Wall Street Journal zu machen, um dem Benutzer eine vernünftige Übersicht und Arbeitsfläche anbieten zu können.

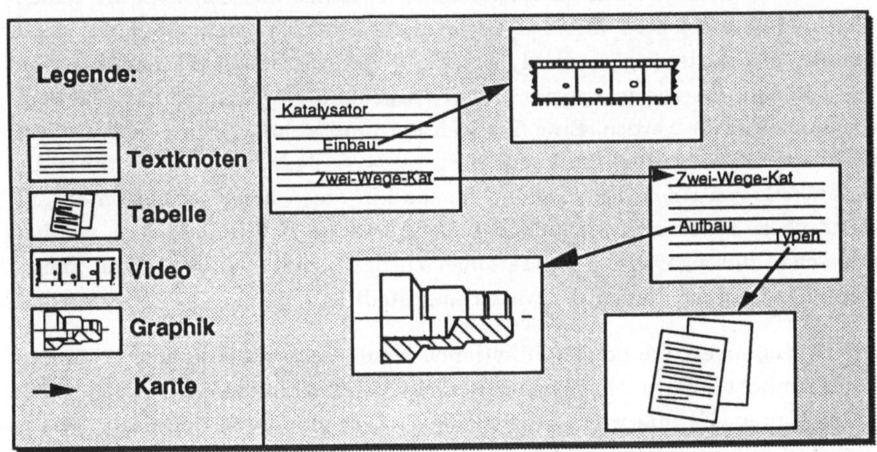

Abbildung 5.3:   Modell eines Hypermedia-Systems

Ein Blättern durch die Terme soll sowohl alphabetisch als auch inhaltsbezogen möglich sein. Inhaltsbezogene Suche heißt, daß die Terme hierarchisch und assoziativ durchwandert werden können. Bei der hierarchischen Navigation gelangt der Benutzer vom Unterbegriff zum Oberbegriff, vom Teil zum Ganzen und umgekehrt. Bei der assoziativen Navigation verfolgt der Benutzer Verbindungen zwischen semantisch verwandten Begriffen. Diese Verbindungen oder Kanten des Netzwerkes können mit oder ohne Markierung, uni- oder auch bidirektional sein. Von einem Knoten oder Objekt können mehrere Kanten ausgehen, auf einen Knoten können mehrere Kanten verweisen (vgl. Hofmann et. al. /40/). Abbildung 5.3 zeigt eine vereinfachtes Beispiel eines Hypermedia-Systems. Das erste kommerzielle Hypertext-System stammt von der Firma Apple, die 1987 für den Macintosh das System HyperCard (Williams /92/) auf den Markt brachte.

5.4 Modifikation von Hyperterm-Einträgen

Die Modifikationskomponente von Hyperterm setzt sich aus Programmen und Regeln für die Einführung neuer Einträge und zum Ändern oder Löschen bestehender Einträge zusammen. Es muß beachtet werden, daß die Integrität bzw. die Konsistenz von Hyperterm nicht verletzt wird.

Unter Konsistenz ist dabei zu verstehen, daß die Beziehungen zwischen den Objekten innerhalb der Datenbank korrekt und widerspruchsfrei sind. Das Ziel der Integrität ist, daß die Beziehungen zwischen den Objekten der realen Welt und den Objekten, die in Hyperterm abgespeichert sind, stimmen. Meist besteht die Änderung eines Hyperterm-Eintrages aus einer Sequenz von Operationen, die zu einer Einheit, einer sogenannten Datenbanktransaktion, zusammengefaßt werden. Eine Transaktion muß atomar, konsistent, isoliert und dauerhaft sein (vgl. Lockemann et. al. /47/). Jede Transaktion führt die Datenbank von einem konsistenten Zustand in einen neuen konsistenten Zustand über. Sollte innerhalb einer Transaktion ein Fehler auftreten, werden alle schon durchgeführten Operationen zurückgesetzt und der letzte, konsistente Zustand der Datenbank wiederhergestellt.

Die Bedingungen, die bei Modifikationen erfüllt sein müssen, können in den herkömmlichen Datenbanksystemen nicht definiert und automatisch abgeprüft werden. Es müssen zusätzlich Regeln, sogenannte Constraints, formuliert und implementiert werden, die die Konsistenz überprüfen und gewährleisten. Es handelt sich dabei um Constraints,

- die darauf achten, daß nur zugelassene Werte für ein Attribut in die Datenbank eingetragen werden;

Beispiel: wird ein neuer Term hinzugefügt, muß die Modifikationskomponente darauf achten, daß das Attribut *Sprache* nur aus der zugelassenen Menge stammt.

- die das Zusammenspiel verschiedener Entities und Relationships regeln;
  Beispiel: wird eine Definition gelöscht, müssen alle abhängigen Einträge, wie Quelle, Verknüpfung mit einem Term etc. mitgelöscht werden.
- die die Abbildung der realen Welt auf die Datenbank überprüfen;
  Beispiel: zu jeder Definition muß eine Quelle vorhanden sein, jeder Term muß das Attribut *Sprache* gesetzt haben, kein Term darf mehrfach in der Termbank abgespeichert sein
- die die Benutzerwünsche berücksichtigen.
  Beispiel: abhängig vom Benutzer sind Regeln denkbar wie "Zu jedem Term muß eine Definition vorhanden sein" oder "Zu jedem deutschen Term muß eine englische Übersetzung existieren".

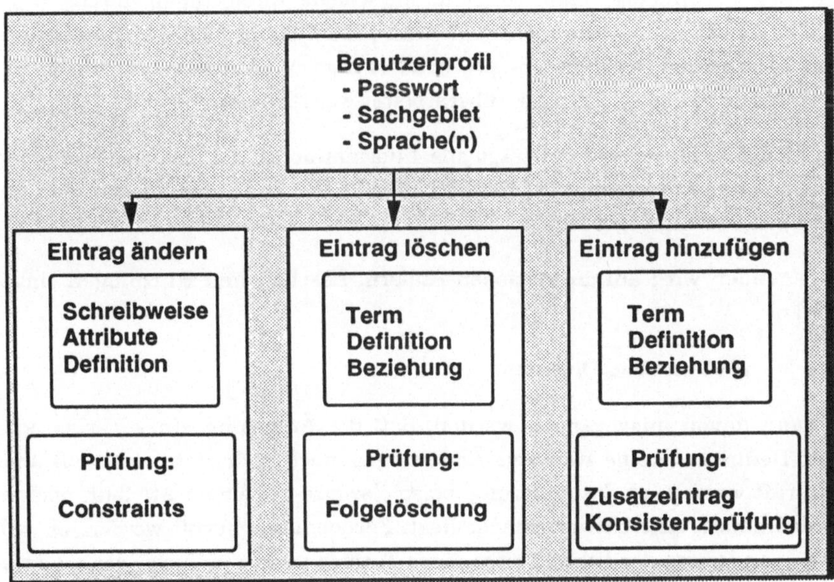

Abbildung 5.4:   Struktur der Modifikationskomponente

Alle Änderungen, die in Hyperterm vorgenommen werden, dürfen nur von Experten und Terminologen, die Fachwissen über den Terminologiebereich mitbringen, durchgeführt werden. Wollen Übersetzer oder andere Benutzer eine Änderung einbringen, müssen sie diese dem entsprechenden Verantwortlichen mitteilen. Dadurch wird die Gruppe derer, die ändernd auf Hyper-

term zugreifen darf, klein gehalten, was die Konsistenzerhaltung einfacher
macht. Für die Schnittstelle muß deshalb beachtet werden, daß eine Zugangs-
kontrolle eingeführt wird. Der Terminologe muß sich mit einem Passwort
ausweisen. Ein Terminologen-Profil legt fest, welche Sachgebiete und Sprachen er ändern darf. Die Unterteilung der Verantwortung über die Terminologie kann dazu führen, daß manche Sprachen und Fachgebiete weiter ausge-
arbeitet sind als andere. Dies muß in Kauf genommen werden, da der korrekte
Inhalt von Hyperterm oberstes Ziel der Modifikationskomponente ist. Die sich
daraus ergebende Struktur der Modifikationskomponente zeigt Abbildung 5.4.

Um dem Terminologen die Arbeit zu erleichtern, wird vom Modifikationsprogramm überprüft, welche eventuellen Folgeänderungen, Zusatzeinträge oder
Konsistenzverletzungen auftreten können. Diese werden als Vorschlag für
weitere Änderungen oder Hinweise formuliert und dem Terminologen vorgelegt. Der Terminologe entscheidet dann, welche Änderungen durchgeführt
werden sollen und welche nicht (vgl. Dörre /26/). Kann sich der Terminologe
nicht entscheiden, wird die entsprechende Frage in eine Liste aufgenommen,
die zu einem späteren Zeitpunkt überarbeitet werden kann.

Das Modifikationsprogramm trägt alle Informationen, die ihm zur Verfügung
stehen, automatisch ein, wie die fortlaufende Nummer, das Datum, den zu-
ständigen Terminologen etc.

Im folgenden wird auf die Aktionen Ändern, Löschen und Hinzufügen einge-
gangen.

5.4.1 Ändern eines Objektes

Es kann davon ausgegangen werden, daß die Änderung eines Terms oder
einer Definition keine weiteren Änderungen nach sich zieht. Es muß aber
überprüft werden, ob die Änderung, beispielsweise bei einem Attribut, noch in
der definierten Attributwertemenge liegt. Ferner muß geprüft werden, ob sich
bei der Änderung der Schreibweise eines Termes nicht ein Term, der schon in
der Termbank gespeichert ist, ergibt.

5.4.2 Ändern einer Beziehung

Das Ändern einer Beziehung kann als Löschen der alten und Hinzufügen
einer neuen Beziehung angesehen werden, die jeweils einer Reihe von Konsi-
stenzüberprüfungen unterliegen. Die damit verbundenen Probleme werden in
den entsprechenden Unterkapiteln behandelt.

5.4.3 Löschen eines Objektes

Beim Löschen eines Terms oder Textes muß untersucht werden, ob andere Objekte auf diesen Term oder Text verweisen. Kommt es durch Löschung zu Objekten in Hyperterm, auf die nicht mehr referiert wird, müssen alle betroffenen Verweise und Objekte gelöscht werden. Die Folgelöschungen werden dem Benutzer angezeigt.

5.4.4 Löschen einer Beziehung

Beim Löschen von Beziehungen zwischen Termen müssen eventuelle Folgeaktionen bedacht werden.

Beispiel: Gegeben seinen die Terme A, B, C (vgl. Abbildung 5.5)

- Es gilt: *A-synonym-B*, *A-synonym-C* und *B-synonym-C*. Der Terminologe löscht die Synonymrelation *A-synonym-B*. Es ist zu prüfen, ob auch *B-synonym-C* und/oder *A-synonym-C* gelöscht werden muß.

- A, B sind Terme der Sprache *m;* C ist Element der Sprache *n;* *A-synonym-B*, *A-übersetzt_in-C* und *B-übersetzt_in-C*; löscht der Terminologe die Relation *A-synonym-B* muß möglicherweise auch *B-übersetzt_in-C* oder *A-übersetzt_in-C* geändert werden. Synonyme Terme A und B können gleich übersetzt werden, stimmt die Synonymie nicht mehr, muß auch die Übersetzung überprüft werden.

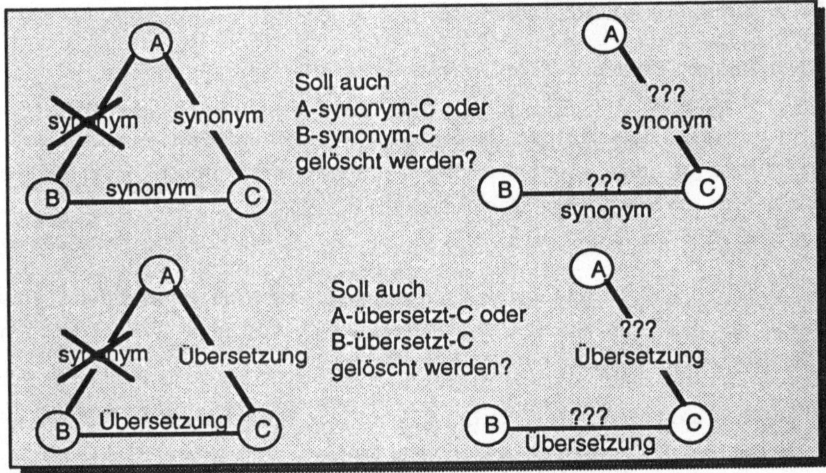

Abbildung 5.5:   Mögliche Folgeaktionen, nachdem eine Synonymie-Relation gelöscht wurde

Da es dem Terminologen unmöglich ist, alle eingetragenen Beziehungen zu kennen, muß ihn das Modifikationsprogramm unterstützen. Alle eventuellen Folgeänderungen werden eruiert und dem Terminologen zur Entscheidung vorgelegt. Die Überprüfungen beim Löschen einer Übersetzungsrelation entsprechen denen, die beim Löschen der Synonymie beachtet werden.

5.4.5 Hinzufügen eines Objektes

Kein Term darf doppelt in der Datenbank abgespeichert sein. Daher überprüft das Programm jeden Neueintrag und weist gegebenenfalls Doppeleinträge zurück. Liegt Polysemie vor, d.h. zwei Terme haben verschiedene Bedeutungen, werden aber gleich geschrieben, so muß zur Bedeutungsunterscheidung das Fachgebiet eingegeben werden. Das Programm überprüft ferner, ob die Attribute aus den definierten Wertemengen stammen und ob alle obligatorischen Werte eingegeben wurden.

Bei einem Neueintrag muß sichergestellt sein, daß Objekte, auf die verwiesen wird, auch eingetragen sind. Gibt der Terminologe beispielsweise eine neue Definition ein, die aus einer bestimmten Quelle stammt, muß überprüft werden, ob diese Quelle schon eingetragen ist. Gegebenenfalls fordert das Modifikationsprogramm fehlende Daten an und trägt sie nach. Dann sind die beiden Neueinträge als eine gemeinsame Transaktion zu betrachten.

5.4.6 Hinzufügen einer Beziehung

Die Beziehungen zwischen Termen setzen sich aus Äquivalenz- und Subordinationsbeziehungen zusammen. Bei Äquivalenzbeziehungen zwischen Termen (Synonyme, Übersetzungen) ist zu bedenken, daß sie nicht im mathematischen Sinne äquivalent, also symmetrisch, reflexiv und transitiv, sind. Es gilt bei Fachsprachen im allgemeinen die <u>Symmetrie</u>, d.h. gilt *A-übersetzt_in-B* dann gilt auch *B-übersetzt_in-A*.

Die <u>Transitivität</u> ist nicht prinzipiell gegeben, dennoch kann häufig eine Übersetzung abgeleitet werden. Der Terminologe muß aber befragt werden und der Übersetzung explizit zustimmen. Beispiel:

> gegeben sind die Terme A in Sprache *m*, B in Sprache *n*, C in Sprache *o*.
> es gilt: *A-übersetzt_in-B*, *A-übersetzt_in-C*.
> Daraus darf nicht gefolgert werden: *B-übersetzt_in-C*

Ein konkretes Beispiel veranschaulicht die Nicht-Transitivität: gegeben sind: Regelung (de) control (en) und mando (es). Es gilt: control-*übersetzt_in*-mando und control-*übersetzt_in*-Regelung. Es gilt nicht: Regelung-*übersetzt_in*-mando (sondern Regelung-*übersetzt_in*-regulación und mando-*übersetzt_in*-Steuerung.

Bei Synonymen liegt im allgemeinen außer bei Schreibvarianten und Abkürzungen keine echte Bedeutungsäquivalenz vor. Es ist exakter von einer Quasisynonymie auszugehen. Die "synonymen" Terme weisen doch regionale oder stilistische Unterschiede auf.

> Beispiel: Gegeben sind die Einträge A und B aus Sprache m. Wird nun A-synonym-B eingefügt, müssen dem Terminologen folgende Fragen vorgelegt werden (vgl. Abbildung 5.6):
>
> Soll das Synonym A_{sy} von A auch synonym zu B sein?
>
> Ist die Übersetzun $B_{üb}$ von B auch Übersetzung von A?
>
> Gilt Definition A_{def} auch für B?

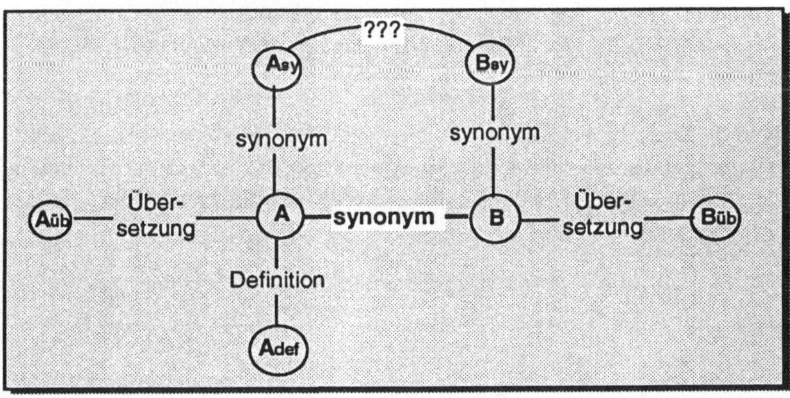

Abbildung 5.6:   Mögliche Folgeaktion nach dem Hinzufügen einer Synonymie-Beziehung

Eine ähnliche Fragestellung liegt beim Hinzufügen einer Übersetzungsrelation vor. Auch beim Ändern einer Subordinationsrelation müssen die existierenden Beziehungen als Kandidaten für Folgeänderungen in Betracht gezogen werden.

6. Implementierung von Hyperterm

Die Implementierung von Hyperterm wurde auf einem Graphikarbeitsplatz-rechner (Sun Workstation) mit dem Betriebssystem Unix durchgeführt. Zur Speicherung der Daten wurde das relationale Datenbanksystem Oracle, das die Standardabfragesprache SQL verwendet, eingesetzt. Als Programmier-sprache wurden C und Pro-C, ein C-Precompiler für Oracle, verwendet.

Die Anwender, die bei der Entwicklung des Systems mitgewirkt haben, sind Übersetzer der Fremdsprachenabteilung der Mercedez-Benz AG, Stuttgart. Durch die Anwender bestimmt, stammt die Terminologie aus dem Bereich der Automobiltechnik. Sie wurde in den Sprachen englisch, deutsch und spanisch erarbeitet. Die terminologischen Daten wurden von den Universitäten Heidelberg und Surrey erarbeitet (vgl. Albl et. al. /2/ und Ahmad et. al. /1/). Es sind ca. 20.000 Einträge aus dem Bereich Katalysatortechnik, Vierradantrieb und Lastwagenbau in der Termbank gespeichert. Als Erklärungstexte wurden Auszüge aus einem Lehrbuch zur Fahrzeugkunde /62/ entnommen. Die Benutzerschnittstelle wurde mit X-Windows unter Verwendung des Widget-Sets von Motif realisiert.

Die Module von Hyperterm setzen sich aus der Hyperterm-Datenbank, der Retrievalschnittstelle, der Modifikationsschnittstelle, der Clusterkomponente und der Benutzungsoberfläche zusammen (vgl. Abbildung 6.1).

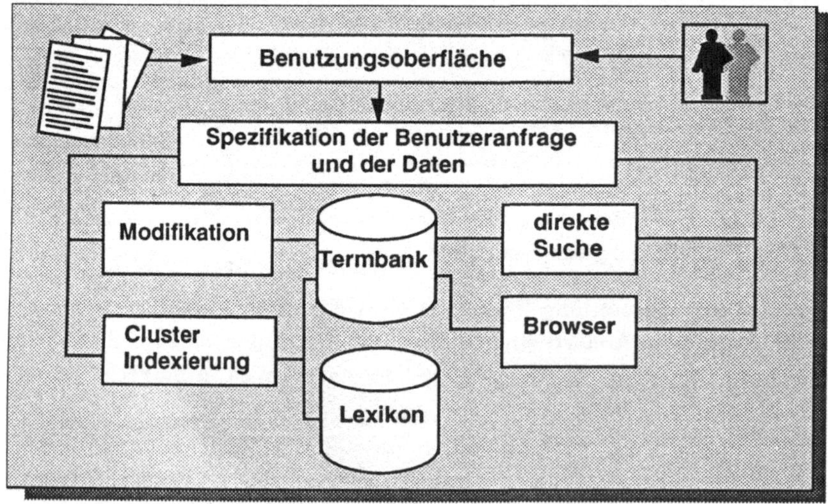

Abbildung 6.1:   Hyperterm-Module

Hyperterm ist in einem offenen Rechnernetz (LAN) realisiert. Da die Datenbank nur auf einem der Rechner lokal vorhanden ist, Hyperterm aber auf allen im Netz befindlichen Rechnern verfügbar sein soll, müssen die Rechner miteinander kommunizieren. Für die Kommunikation wurde das Client-Server-Modell und als Protokoll TCP/IP eingesetzt.

6.1 Das Client-Server-Modell

Beim Client-Server-Modell können beliebig viele Prozesse (die Clients) mit einem Server kommunizieren. Ein Server ist ein ständig laufender Prozeß, der den Clients ermöglicht, in Kontakt mit ihm zu treten und Daten mit ihm auszutauschen. Als Server dient der Rechner, der die Datenbank verwaltet, während die Anwendung den Client-Part übernimmt. Die Kommunikation zwischen Client und Server wird durch das TCP/IP-Protokoll geregelt. Der Client überträgt dem Server Aufträge und greift so auf die Daten, die der Server verwaltet, zu. Die Anfragen des Client werden vom Server bearbeitet und die Antwort an den Client zurückgeschickt.

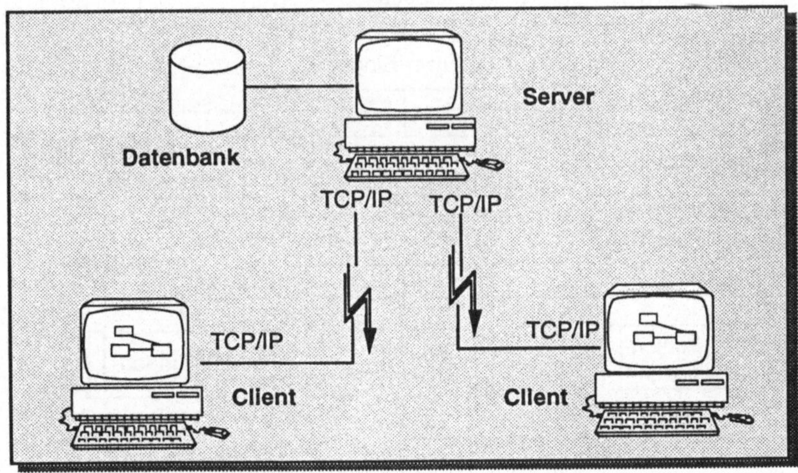

Abbildung 6.2:   Das Client-Server-Modell

Das Client-Server-Modell ist mit Hilfe von Remote Procedure Calls (RPC) realisiert. In diesem Fall besteht für den Client nahezu kein Unterschied, ob eine lokale oder entfernte (beim Server) Prozedur aufgerufen wird. Es bleibt dem Client verborgen, wie die Kommunikation über das Netz verläuft. Abbildung 6.2 zeigt das Client-Server-Modell.

Beim Start von Hyperterm wird auf dem Server ein Programm gestartet, das dem Client bestimmte Prozeduren zur Verfügung stellt (vgl. Torabli /86/). Das Server-Programm kann von mehreren Clients gleichzeitig verwendet werden, d.h. alle Applikationen greifen auf das selbe Serverprogramm zu. Damit nicht zwei Server gleichzeitig laufen, wird beim Aufruf zuerst geprüft, ob der Server bereits gestartet wurde. Der Server frägt beim Portmapper an, ob bereits ein Server registriert ist. Der Portmapper ist ein auf Unix-Rechnern laufender Prozeß, der über jeden Port ansprechbar ist. Alle Server-Prozesse müssen sich beim Portmapper registrieren. Alle Clients müssen beim Portmapper den Port des gewünschten Servers erfragen, bevor sie mit ihm Verbindung aufnehmen können.

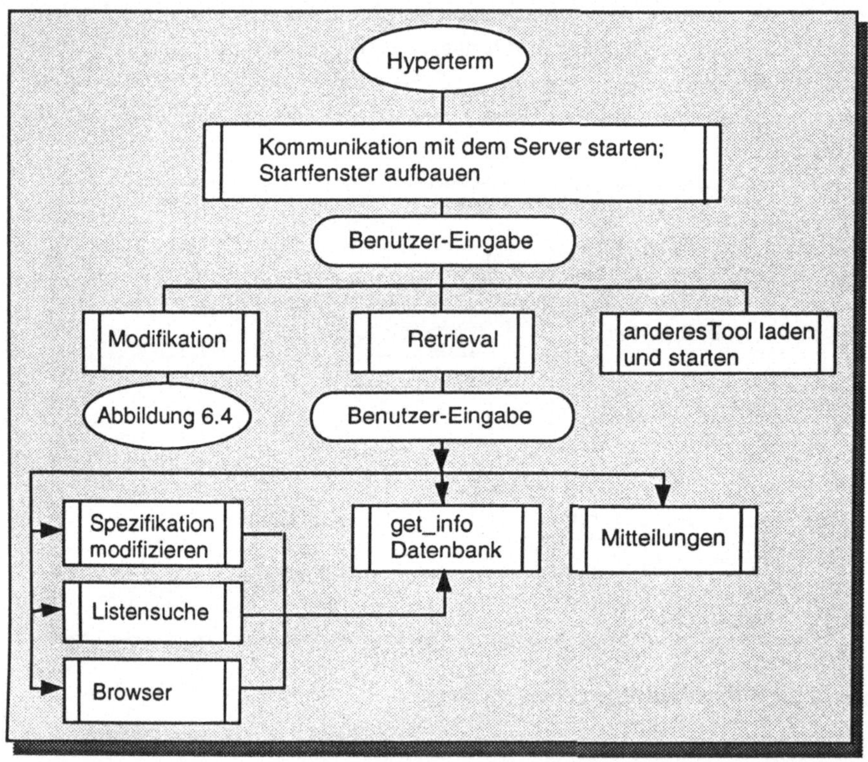

Abbildung 6.3:   Die wichtigsten Module von Hyperterm

6.2 Implementierung von Hyperterm

Bei benutzergetriebenen Systemen ist der Ablauf und die Struktur des Programms stark von der Benutzereingabe abhängig. Bei Programmstart von Hyperterm wird die Kommunikation mit dem Server gestartet, die Datenbank geöffnet und die notwendigen Startfenster für die Oberfläche aufgebaut. Dann ist der Verlauf der Sitzung von den Zielen und Wünschen des Benutzers bestimmt. Die Abbildungen 6.3 und 6.4 zeigen die Module der Retrieval- und der Modifikationskomponente.

Die expliziten Verbindungen werden in den Erklärungstext integriert. Die betroffenen Terme werden markiert und an der Oberfläche in Fettdruck angezeigt. Wird ein fettgedruckter Startterm selektiert verzweigt das Programm zum entsprechenden Zieltext. Die impliziten Verbindungen werden zu den Texten hinzugefügt. Jeder Erklärungstext hat einen Verweis auf die Liste aller Texte desselben Clusters. Die so gruppierten Texte werden in einem Menü angezeigt und können durch Auswahl mit der Maus erreicht werden.

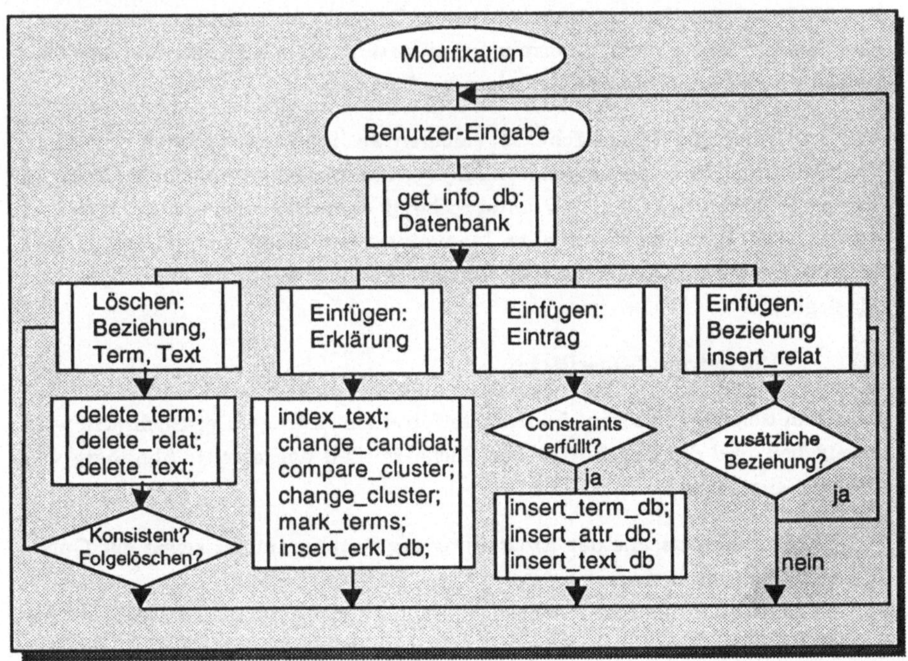

Abbildung 6.4:   Module der Modifikationskomponente

6.3 Implementierung der Hyperterm-Benutzungsschnittstelle

Hyperterm besitzt eine graphische, direkt-manipulative Benutzungsoberfläche. Das Fenstersystem wurde mit dem Motif Widget-Set der OSF realisiert. Ein Widget-Set ist eine Sammlung von Graphikprimitiven, die hierarchisch organisiert sind und auf dem X-Window-System aufbauen. Das X-Window-System wurde 1984 am M.I.T. entwickelt und hat sich zum Fast-Standard etabliert (vgl. Brede et. al. /7/). Das weitestgehend plattformunabhängige X-Window-System ist über die Grenzen der Unix-Welt herausgewachsen und wird inzwischen auf Rechnern aller Größen betrieben. Verschiedene Bibliotheken (X-lib, X-Toolkit) stellen dem Programmierer verschiedene Funktionen zur Erzeugung der graphischen Objekte zur Verfügung.

Die Fenster von Hyperterm haben ein einheitliches Layout, das sich an der Darstellung der Apple Macintosh Oberfläche orientiert. Die Fenster verfügen über eine Menüleiste mit zwei oder mehr Pull-down Menüs. Das erste Menü enthält die wichtigsten Funktionen wie die Hilfe und das Verlassen des Fensters. Zu jedem Fenster und jeder Funktion wird ein Hilfetext angeboten. Die Hilfe-Information ist hierarchisch aufgebaut. Auf oberster Ebene wird über das System an sich informiert, auf unterer Ebene erhält der Benutzer Detailinformationen zum entsprechenden Fenster.

Die multilinguale Oberfläche ist momentan in den Sprachen Deutsch, Englisch und Spanisch realisiert. Dafür werden den graphischen Objekten logische Namen gegeben, die entsprechend dem Benutzerprofil umgesetzt werden. Die Bezeichnungen aller Menüeinträge, Knöpfe und Fenster, aber auch Meldungen und Warnungen sind an zentraler Stelle in allen Sprachen abgelegt.

6.3.1   Die Retrieval-Oberfläche

Das Hauptfenster (vgl. Kap. 5) dient der direkten Abfrage. Der Suchterm wird eingegeben und die Ergebnisse der Suche werden dargestellt. Abhängig von diesem Fenster sind:

- die *Spezifikation,* die der Einstellung der Suchparameter sowie der Quell- und Zielsprache dient.
- die *Liste,* um mehrere Terme auf einmal suchen zu können. Sie ist mit Hilfe zweier Fenster realisiert. Das erste Fenster nimmt die Suchterme in eine Liste auf. Sie kann auch für spätere Sitzungen abgespeichert werden. Das zweite Fenster zeigt die Ergebnisse der Listensuche an.

- die *Mitteilung*, mit der Benutzer eine Nachricht an den verantwortlichen Terminologen senden können, um auf Mißstände oder Fehler hinzuweisen. Diese Funktion wurde hinzugefügt, um dem Benutzer eine Möglichkeit zu geben, den Termbankinhalt beeinflussen zu können.
- der *Browser*, der die Erklärungstexte und die Verbindungen anzeigt und verfolgt. Zur Orientierung wurde eine Protokollfunktion realisiert.

6.3.2   Die Modifikations-Oberfläche

Im Hauptfenster wird ein gesamter Eintrag angezeigt. Der Benutzer selektiert das Feld, bei dem er Änderungen vornehmen möchte (vgl. Duckwitz /27/). In einem Unterfenster kann er die Änderungen vornehmen:

- Im Terminologenprofil können individuelle Parameter des Terminologen gesetzt werden.
- Im Termfenster können der Term und seine Attribute geändert werden.
- Die Änderung von Beziehungen zu anderen Termen (Übersetzung, Synonym, Variante, etc.) kann in einem speziellen Unterfenster durchgeführt werden. An dieses Unterfenster sind die Prüfprogramme gekoppelt.
- Änderung von Texten und Quellen erfolgt in speziellen Fenstern.
- Die Änderung der Sachgebietshierarchie wird im Sachgebietsfenster durchgeführt; dabei können sowohl die Sachgebietsbenennungen als auch der Hierarchiebaum geändert werden.

6.3.3   Das Benutzerprofil

Jeder Benutzer kann in einem Profil verschiedene individuelle Parameter setzen. Neben der Dialogsprache kann eine feste Termbankspezifikation und die Netzwerkadresse des verantwortlichen Terminologen, der alle Mitteilungen erhält, eingestellt werden.

6.4   Anwendungsbeispiele

Im folgenden wird die realisierte Benutzungsoberfläche vorgestellt. Alle Oberflächenbezeichnungen sind in drei Sprachen (englisch, deutsch und spanisch) verfügbar. Zu Beginn der Systembenutzung kann der Übersetzer einstellen, ob der Dialog mit einer deutschen, englischen oder spanischen Oberfläche ablaufen soll. Diese Festlegung betrifft die Bezeichnungen der Menüeinträge, die Buttonbeschriftung, die Systemmeldungen sowie den Hilfetext. Im folgenden werden Anwendungsbeispiele mit einer deutschsprachigen Oberfläche in Form von Bildschirmabzügen vorgestellt. Die Retrieval- und Modifikations-

komponente sind zwei getrennte Module, die separat aufgerufen werden. Ruft
der Benutzer die Retrievalkomponente von Hyperterm auf, erscheint das Suchfenster (vgl. Abbildung 6.5) auf dem Bildschirm.

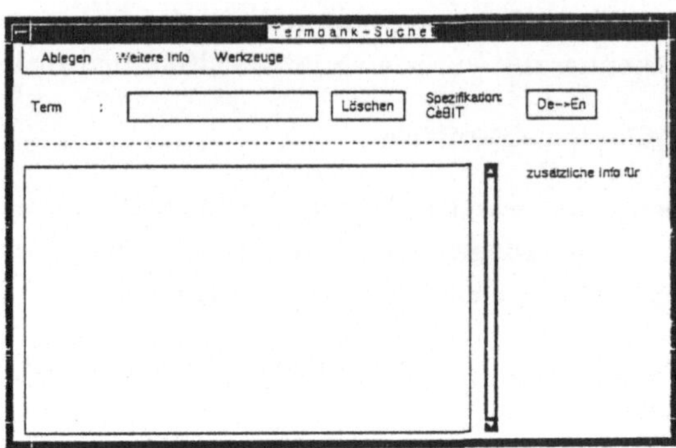

Abbildung 6.5:   Suchfenster bei Start der Retrievalkomponente

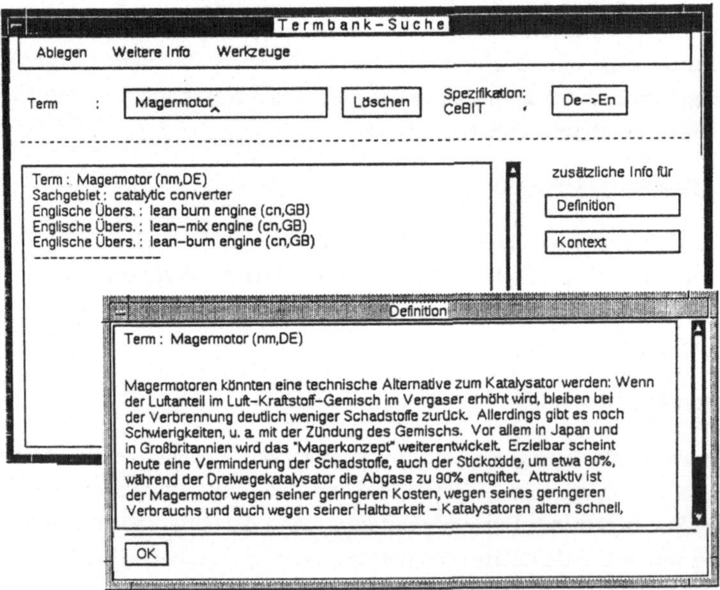

Abbildung 6.6:   Suchfenster mit Definition nach Auslösung einer Suche

Das Suchfenster besteht aus eine Menüleiste, einer Termzeile und einem
Informationsteil. In die Termzeile des Retrievalfensters wird der Suchterm

eingetippt, oder aus einem anderen Fenster (z.B. dem Editor) hineinkopiert. Durch die Return-Taste ausgelöst, erscheint die zugehörige Information im Informationsteil des Fensters. Längere Texte wie die Definition oder der Kontext werden in eigenen, separaten Fenstern ausgegeben (vgl. Abbildung 6.6).

Welche Informationen zu einem Term ausgegeben werden, kann der Benutzer im Spezifikationsfenster (vgl. Abbildung 6.7) definieren. Er kann die gewählten Auswahlparameter unter einem bestimmten Namen für spätere Sitzungen abspeichern.

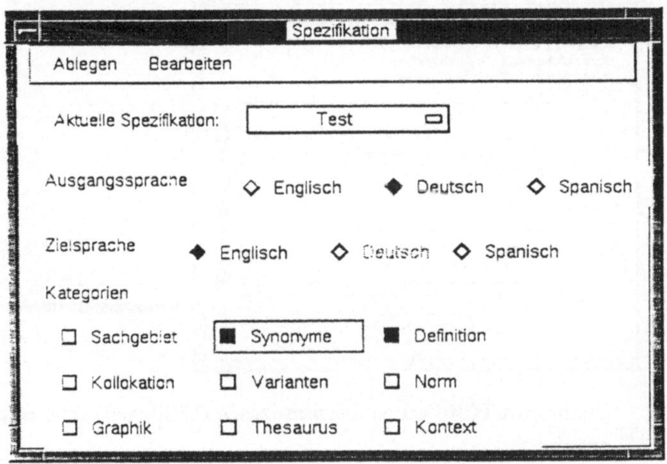

Abbildung 6.7:   Spezifikationsfenster zur Festlegung der Suchparameter

Ist der Benutzer an weiteren Informationen zu einem Term interessiert, die er nicht im Spezifikationsfenster angegeben hat, so kann er über die Auswahl "Weitere Info" die restlichen Informationen anfordern.

Kann der Benutzer den Suchbegriff nicht genau benennen, ist er an allen Termen mit einem bestimmten Wortteil interessiert oder sich über die Schreibweise nicht sicher, kann er Platzhalter, sogenannte Wildcards, einsetzen. Ein Prozentzeichen dient als Platzhalter für beliebig viele Zeichen, der Unterstrich als Platzhalter für ein einzelnes Zeichen. Alle Terme, die auf das Muster passen, werden mit Fachgebietsangabe (im Falle von homographen Termen) in einem Fenster aufgelistet. Durch Selektion mit der Maus kann der Benutzer einen Term auswählen (vgl. Abbildung 6.8).

Wird ein Suchterm nicht auf Anhieb gefunden, greifen verschiedenen Strategien. Die Schreibweise wird bearbeitet, so daß eine Antwort auch dann geliefert wird, wenn der Benutzer nach "Drei-Wege-Katalysator" sucht, obwohl "Dreiwegekatalysator" abgespeichert ist.

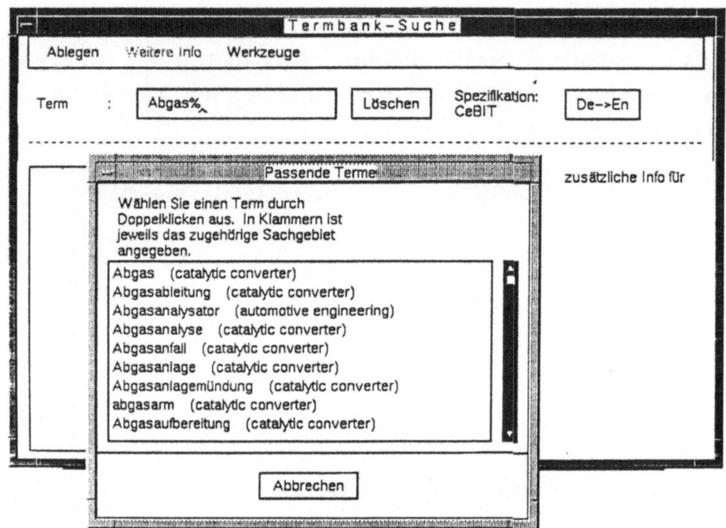

Abbildung 6.8:   Suche mit Hilfe eines Termmusters (Wildcard) und Suchergebnis

Dem Benutzer werden über die Menüleiste weitere, spezielle Werkzeuge angeboten. Die Listensuche (vgl. Abbildung 6.9) wird zur gemeinsamen Suche mehrerer Terme angeboten. Es handelt sich neben der Spezifikation um die Werkzeuge Listensuche, Browser und Mitteilung. Dieses Werkzeug kommt der Arbeitsweise von Übersetzern nahe, die in der Verstehensphase alle unbekannten Terme "anstreichen". Der Benutzer sammelt mehrere Suchterme in einer Liste, das System schlägt alle Terme nach, gibt sie in einem Fenster aus und bietet die Möglichkeit, das Ergebnis abzuspeichern oder auszudrucken.

Da nur eine festgelegte Benutzergruppe ändernd auf die Datenbank zugreifen darf, wurde ein Mitteilungssystem eingerichtet, damit auch die anderen Benutzer soweit wie möglich auf den Inhalt der Einträge Einfluß nehmen können. Alle Benutzer können über das Werkzeug "Mitteilung" Informationen, Hinweise oder Beschwerden an die verantwortlichen Terminologen schicken. Der Übersetzer schickt wie bei einem elektronischen Postsystem einen Hinweis an eine bestimmte Adresse. Dort wird der Text vom Terminologen abgerufen und bearbeitet.

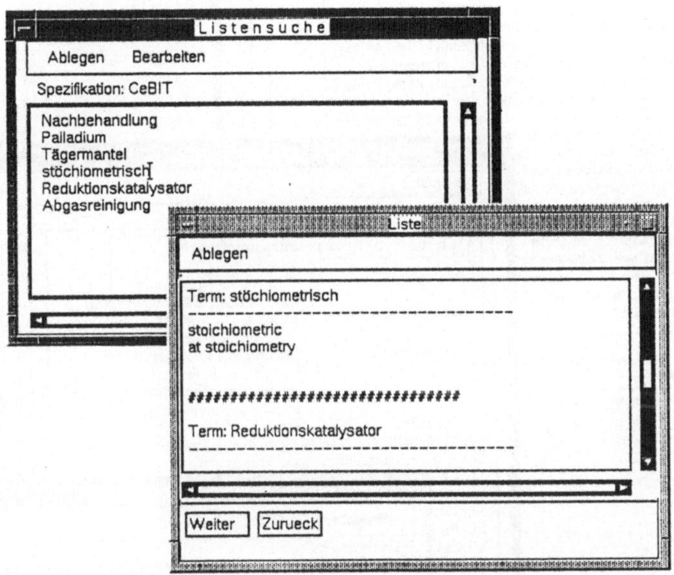

Abbildung 6.9:   Fenster für die Listensuche mit (a) Sammlung der Suchterme (b) Ergebnis der Listenabfrage

Ist der Benutzer an einem gößeren Umfeld interessiert, ruft er den Browser auf. Alle expliziten Verbindungen dieser Erklärung (die Verweise) und auch die impliziten Verbindungen (das Cluster) werden als Menüauswahlliste zur Erklärung ausgegeben. Das Layout des Hyperterm-Browser zeigt Abbildung 6.10. Die drei Fenster zeigen den Start der Navigation bei "Oxidationskatalysator" und das Ziel, den "Dreiwegekatalysator".

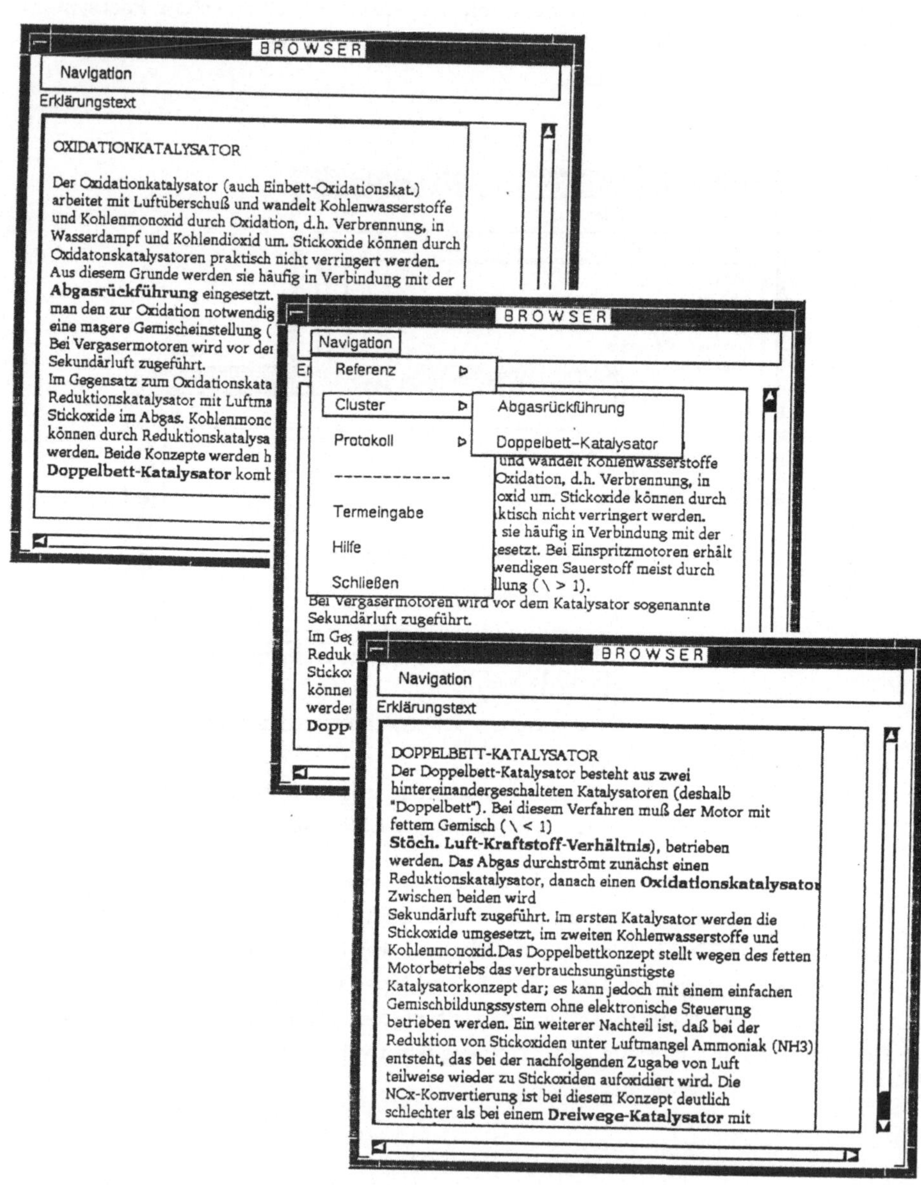

Abbildung 6.10: Browser (a) Starttext (b) durch Aufruf vernetzer Texte über
das Menü (c) Zugriff auf weiteren Hintergrundtext

Die Modifikationskomponente startet mit dem Term-Informationsfenster. Der Benutzer gibt den zu ändernden Term ein. Im Fenster wird alle zu dem Term verfügbare Information ausgegeben (vgl. Abbildung 6.11). Durch Selektion mit der Maus kann der Benutzer das Feld markieren, an dem er ändern will.

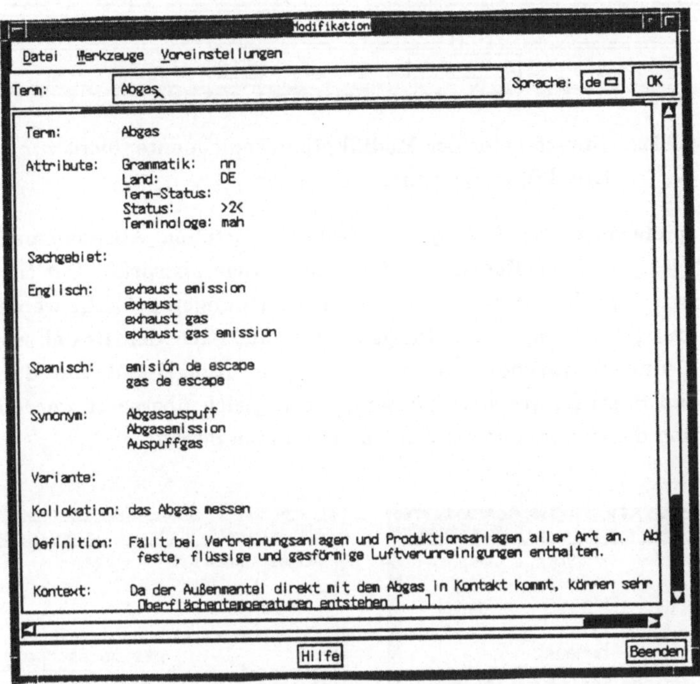

Abbildung 6.11: Startfenster der Modifikationskomponente; dient zur Identifikation des zu ändernden Terms

Durch Mausklick ausgelöst erscheint ein Unterfenster, an dem der Benutzer die Änderungen vornehmen kann (vgl. Abbildung 6.12). Ändert man Beziehungen, wird die Konsistenzprüfung aktiviert.

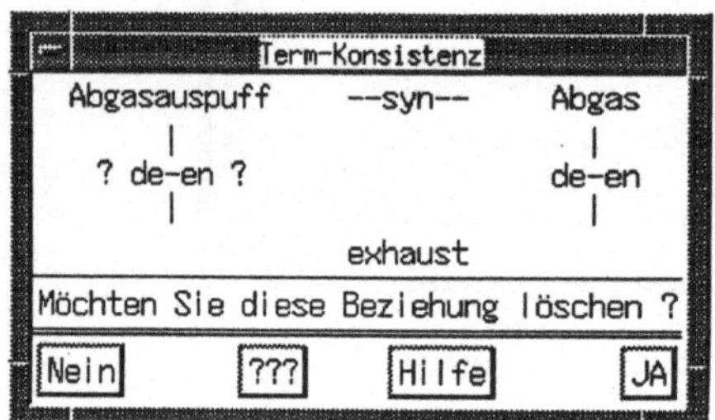

Abbildung 6.12: Unterfenster der Modifikationskomponente; dient zur Durchführung von Änderungen

Wird beispielsweise die Synonym-Beziehung zwischen Abgasauspuff und Abgas gelöscht, wird die Konsistenz der Resteinträge überprüft. Der Benutzer wird befragt, ob auch andere entsprechende Beziehungen gelöscht werden sollen. Abbildung 6.13 zeigt zwei Fragefenster, die nach der Beziehung zum englischen und spanischen Äquivalent fragen. Ausgehend von der Vermutung, daß Begriffe, die synonym sind, auch gleich übersetzt werden, und die Änderung der Synonymie die Äquivalenzrelation betrifft.

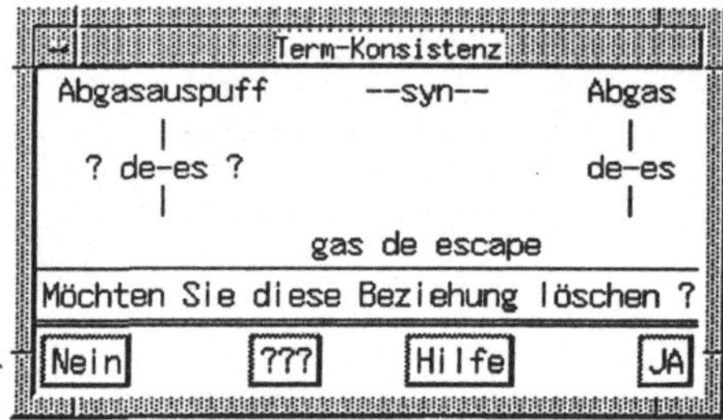

Abbildung 6.13: Konsistenzabfrage nachdem eine Synonymiebeziehung gelöscht wurde

7. Evaluation durch Benutzer und Experten

Gemeinsam ist den bekannten Modellen, die den Software-Entwicklungsprozeß beschreiben (vgl. Sommerville /84/), daß sie den Softwarelebenszyklus in Phasen einteilen; ihr Unterschied besteht im Grad der Iteration dieser Phasen. Der Prozeß startet mit einer Spezifikation der Anforderungen und endet mit der Software-Evaluation. Aus Benutzersicht erfolgt die Evaluation am Ende des Prozesses zu spät (vgl. Peschke und Wittstock /68/), da die Benutzer dann keine Möglichkeit haben, die Software oder das Design zu beeinflussen; sie müssen sich ihr anpassen.

Untersuchungen zur Benutzerbeteiligung haben gezeigt (vgl. Ostberg et. al. /65/), daß ein frühes, aktives Einbinden der Benutzer in den Software-Entwicklungsprozeß die Akzeptanz bei Benutzern erhöht, da das System optimal an ihre Bedürfnisse angepaßt ist. Die zukünftigen Benutzer von Hyperterm waren von Anfang an in den Designprozeß miteinbezogen. Sie wurden zu Projektbeginn nach ihren Anforderungen befragt und konnten entwicklungsbegleitend ihre Wünsche äußern (vgl. Fulford et. al. /34/, Höge und Kroupa /41/). Diese Anforderungen flossen in die Realisierung des ersten Prototyps mit ein, der ein Jahr nach Projektbeginn den Benutzern vorgeführt und von ihnen evaluiert wurde. Die Evaluationsergebnisse wurden diskutiert, Änderungen vorgeschlagen und ein neuer Prototyp erstellt. Abbildung 7.1 zeigt die Vorgehensweise bei der Evaluation von Hyperterm auf.

Evaluation beinhaltet eine Beurteilung, einen Vergleich zwischen einem Ziel und der aktuellen Situation. Ein Ziel des Evaluationstests war, zu zeigen, daß die Benutzung eines computer-unterstützten Übersetzungssystems (CAT) sowohl den Fachgebietsneulingen als auch routinierten Übersetzern Vorteile bringt. Diese Vorteile können im wesentlichen festgemacht werden an:
1. einer schnelleren Einarbeitung in ein neues Aufgabengebiet
2. einer ansteigenden Übersetzungsgeschwindigkeit sowie an
3. einer verbesserten Übersetzungsqualität.

Die Anforderungen an das CAT-System, die Einarbeitungszeit und Übersetzungsdauer herabzusetzen, sind anhand von Beobachtungen oder Messungen leicht überprüfbar. Für die Qualität einer Übersetzung allgemeine Kriterien zu finden, ist eine schwierigere Aufgabe. Die gleiche Übersetzung kann abhängig von der Zielgruppe passend oder unzureichend sein. Übersetzungsfehler (Verständnisfehler und Wiedergabefehler) können gezählt werden, doch eine Messung des Stils eines Textes ist eine weitgehend subjektive Größe, die nicht absolut, sondern nur vergleichend festgestellt werden kann.

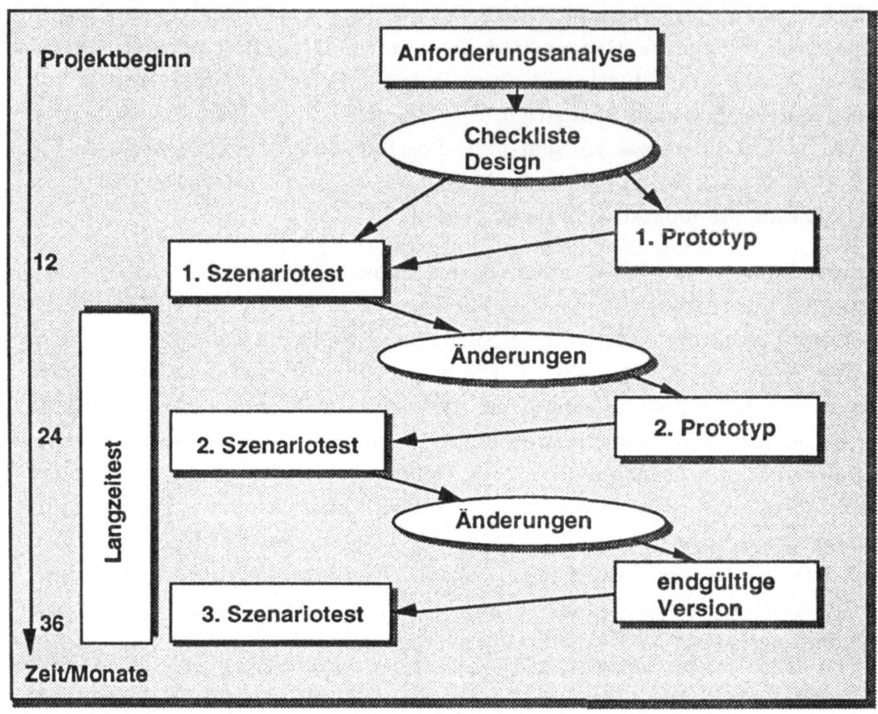

Abbildung 7.1: Ablauf der Softwareentwicklung mit begleitender System-
evaluation

Eine ausführliche Evaluation des Systems nach quantitativen Kriterien war aus Kostengründen im Rahmen dieser Arbeit nicht möglich. Es wurde daher ein prototypischer Test mit fünf professionellen Übersetzern der Abteilung ZSD der Mercedes-Benz AG durchgeführt. Vier der Übersetzerinnen und Übersetzer nahmen an drei halbtägigen Szenariotests teil. Vorher wurden sie in die Benutzung des Systems eingeführt. Die Szenariotests wurden über die Systementwicklungszeit verteilt (vgl. Abbildung 7.1). Ein Übersetzer hat in einem Langzeittest über mehrere Monate mit verschiedenen Systemversionen gearbeitet, hat sie bewertet und Verbesserungen vorgeschlagen.

7.1 Der Testplan

Vor der Evaluation des Systems wurden Testmethoden erarbeitet und ein Testplan festgelegt. Dafür wurden eine Menge von Testkriterien gesammelt, systematisiert und eingeteilt (vgl. auch Geer und Mayer /52/). Die Kriterien wurden kritisch durchleuchtet und auf die zukünftigen Systembenutzer hin angepaßt. Drei Qualitätsfaktoren werden hierbei für CAT-Software als wesentlich erachtet, nämlich Benutzbarkeit, Zuverläßigkeit und Effizienz. Mehrere Kriterien werden einem Qualitätsfaktor zugeordnet. Abbildung 7.2 zeigt die erarbeiteten Qualitätsfaktoren mit ihren Kriterien (siehe auch DIN-Norm 66234 /24/), die für die Tests zugrunde gelegt wurden.

Die Qualitätsfaktoren werden auf drei Ebenen geprüft, die sich als relevant für computergestützte Übersetzung herausgestellt haben:

1. Funktionale Ebene: Es wird geprüft, ob die Funktionalität von Hyperterm den Anforderungen und der Praxis angemessen sind. Die Qualitätsfaktoren Effizienz, Handhabbarkeit und Zuverläßigkeit werden in Bezug auf die Funktionen überprüft. Folgende Fragen sind zu beantworten: "Werden die Funktionen einfach und verständlich dargestellt?", "Ist das System selbsterklärend und kann es ohne lange Einarbeitungszeiten eingesetzt werden?"

2. Oberfläche: Die Evaluation einer Benutzungsoberfläche ist eine schwierige Aufgabe, da wenig objektive Kriterien angelegt werden können. Sie basiert zum großen Teil auf den subjektive Einschätzungen der Benutzer, deren individuellen Ansichten in die Beurteilung mit einfließen. Die Evaluation der Benutzungsoberfläche sucht Antwort auf Fragen wie "Ist das System benutzerfreundlich?" "Kann sich der Benutzer zurechtfinden?" "Wieviel Zeit benötigt der Benutzer für die Einarbeitung?"

3. Inhaltliche Ebene: Es wird geprüft ob die gebotene Information korrekt und vollständig ist. Auf Hyperterm übertragen geht es darum, die terminologische Information, den Gehalt der Termbank zu testen und prüfen. Da die Qualität der terminologischen Einträge nicht relevant für diese Arbeit sind, wird der inhaltliche Aspekt nicht weiter verfolgt.

Um die jeweiligen Kriterien zu prüfen und messen, wurden verschiedene Testmethoden zum Einsatz gebracht: Bullinger et. al. /9/ unterscheiden weiche und harte Methoden der Oberflächen-Evaluation. Die harten Methoden greifen auf empirisch meßbare, statistisch nachweisbare Daten wie Einlernzeit, Ausführungszeit oder Fehlerrate zurück. Unter weichen, subjektiven Methoden werden die Benutzerbeobachtung, Fragebögen und Interviews zusammengefaßt. Für die Evaluation von Hyperterm kamen Fragebogen, Checkliste, Interview, "Laut-Denken", Beobachtung und empirische Tests zum Einsatz. Abbildung 7.2 faßt die Meßmethoden für die Oberflächen-Evaluation von Hyperterm zusammen.

Qualitäts-faktor	Kriterien	Ebenen	Meßmethode	Meßdaten
Benutzbar-keit	Erlernbarkeit Benutzbarkeit Aufgabenange-messenheit Verständlichkeit Konsistenz	Inhalt: Informa-tion vorhanden? Funktional: Hilfeinformation Oberfläche: klares Design	Interview Beobachtung "lautes Denken"	Anteil positiver Antworten
Zuverlässig-keit	Aufgabenange-messenheit Korrektheit Fehlertoleranz	Inhalt: Informa-tion korrekt? Funktional: zurücksetzen Oberfläche: kon-sistenter Zugriff	Fragebogen Interview Checkliste	Fragebogen-daten, Anteil positiver Antworten
Effizienz	Ausführung Durchsatz	Inhalt: genug Information? Funktional: schneller Zugriff Oberfläche: Zugriff einfach	Checkliste Programmtest Szenariotest	Zeit, Anzahl Fehler, Anteil erfolg-reich gelöster Probleme

Abbildung 7.2:   Zielbenutzerrelevante Qualitätsfaktoren mit Kriterien und Meßmethode

7.2 Durchführung der Tests

Hyperterm wurde entwicklungsbegleitend mehrfach getestet. Neben drei Szenariotests wurde ein Dauertest mit einem einzelnen Übersetzer durchge-führt. Die folgenden Unterkapitel beschreiben den Testaufbau und stellen die Testergebnisse vor. Das Gesamtresümee kann als Tendenzaussage aufgefaßt werden und ist in Kapitel 7.3 beschrieben. Eine statistisch gesicherte Aussage läßt sich wegen der kleinen Testgruppen nicht ziehen.

7.2.1   Langzeittest

Ein technischer Übersetzer hat dauerhaft die verschiedenen Versionen und Prototypen des Systems getestet, da einige Fragen in einem Szenariotest schlecht in Erfahrung gebracht werden können. Die Testperson lernte das System in jeder Phase kennen, arbeitete damit und meldete Fehler und Änderungswünsche an die Designer und Programmierer weiter.

Die zu Beginn erstellte Anforderungsanalyse mündete auch in eine Checkliste, die zum Langzeittest herangezogen wurde. Der Übersetzer hat alle Anforderungen geprüft und in der Checkliste vermerkt. Der Langzeittest ergab etliche Hinweise für Verbesserungen der Funktionalität und Vereinfachung mancher Operationen.

7.2.2   Szenariotests

Die Szenariotests wurden mit einer gleichbleibenden Gruppe von Testpersonen durchgeführt. Die Gruppe setzt sich aus zwei routinierten technischen Übersetzern und zwei fachfremden Übersetzern (aus dem Bereich Wirtschaft) der Übersetzungsabteilung der Mercedes-Benz AG zusammen. Alle vier Testpersonen übersetzen im allgemeinen vom Deutschen ins Englische. Die Übersetzer hatten wenig Erfahrung mit Computern, die Arbeit an einem Arbeitsplatzrechner mit Fenstersystem und Maus war neu. Inzwischen hat die Übersetzungsabteilung PCs eingeführt, bis dahin hatten die Übersetzer mit Schreibmaschine und Diktiergerät gearbeitet.

7.2.2.1   Erster Szenariotest

Der erste Szenariotest fand sehr früh im Designprozeß statt, so daß ein echter Eingriff der Testpersonen in die Systementwicklung noch möglich war. Die Aufgabe bestand darin, unbekannte Fachterme in der Termbank nachzuschlagen. Die Einlernzeit betrug 15 Minuten. Die Testpersonen hatten den Arbeitsplatzrechner schon gesehen, arbeiteten aber das erste Mal damit.

Die Testpersonen bekamen einen Text vorgelegt, der für die technische Übersetzungsabteilung repräsentativ ist. Die Testpersonen erhielten Fragebögen, um für jeden nachgeschlagenen Term die Ergebnisse der Suche und die Verwendbarkeit der Information einzutragen (vgl. Höge et. al. /42/). Die Evaluatoren beobachteten und protokollierten, wie die Testpersonen mit der Oberfläche zurecht kamen. Nach dem 90-minütigen Test wurden die Beteiligten interviewt und nach ihren Schwierigkeiten und Wünschen befragt.

Ein Ziel des ersten Testes war zu prüfen, ob 15 Minuten Einlernzeit ausreichten. Der Test diente vor allem auch zur Erkundung der Präferenzen bezüglich der Termbankoberfläche, die zweifach realisiert wurde. Eine menü-orientierte Oberfläche stand einer button-orientierten Oberfläche gegenüber.

Die Testergebnisse zeigten, daß eine Einlernzeit von 15 Minuten genügt; die Übersetzer kamen ohne weitere Hilfe mit dem System zurecht. Die Übersetzer bevorzugten die menü-orientierte Oberfläche, da Menüs im Vergleich zu Buttons weniger Raum auf dem Bildschirm einnehmen. Die größten Schwierigkeiten lagen in der Benutzung des Systems (Mechanik der Maus, Doppelclick, etc.). Ein spezieller Wunsch der Übersetzer war, die Sprachrichtung bei der Termbanksuche direkt im Retrievalfenster umdrehen zu können, da sie häufig erst einen ausgangssprachlichen, dann einen zielsprachlichen Term suchen. Eine weitere Forderung war, einen größeren Schrifttyp einzusetzen. Ferner regten sie an, daß so wenig Text und Information wie möglich bzw. nur so viel wie nötig auf den Bildschirm ausgegeben wird.

7.2.2.2   Zweiter Szenariotest

Die Änderungswünsche wurden den Designern vorgelegt, ein zweiter Prototyp entstand, der ca. 9 Monate nach dem ersten Test der gleichen Benutzergruppe vorgelegt wurde. Beim zweiten Szenariotest bekamen die Benutzer einen einseitigen Fachtext vorgelegt, der übersetzt werden sollte. Bei diesem Test sollte auch das Zusammenwirken der CAT-Komponente mit dem Textverarbeitungssystem getestet werden. Nahezu alle Änderungswünsche waren realisiert, nur das Austauschen der Funktionstasten Vorwärts- bzw. Rückwärtslöschen auf der Tastatur war technisch nicht möglich.

Die Übersetzer sahen ihre Änderungsvorschläge berücksichtigt und waren mit der Funktionalität des Systems weitgehend zufrieden. Kleine Schönheitsreparaturen wurden angeregt und bezüglich des Inhalts mehr Daten gefordert. Die Termbank beinhaltete ungefähr 450 Fachterme pro Sprache und enthielt damit nur ca. 35% der für die Übersetzung notwendigen Information.

7.2.2.3   Dritter Szenariotest

Die Änderungswünsche aus dem zweiten Test wurden für die Erstellung des dritten Prototyps berücksichtigt. Nach weiteren sechs Monaten kam es zum Abschlußtest. Es wurde ein Text aus dem Bereich der Katalysatortechnik zur Übersetzung vorgelegt. Die Gruppe der Testpersonen wurde um zwei Übersetzerinnen Deutsch-Spanisch erweitert. Eine Vergleichsgruppe übersetzte denselben Text mit den sonst üblichen Hilfsmitteln (PC Text 4, gedruckte Wörterbücher). Es wurden Terme hinzugefügt, so daß die Termbank 4000 Einträge pro Sprache gespeichert hatte.

Die Übersetzer griffen auf die Termbank 43 mal zurück und fanden in rund 30% der Fälle einen Übersetzungsvorschlag; die Vergleichsgruppe schlug 23 mal im Lexikon nach. Die Übersetzung mit dem CAT-System benötigte im Durchschnitt ca. 65 Minuten, die konventionelle Übersetzung 50 Minuten für einen Text (213 Wörter) über die Abgasreinigung.

7.3 Diskussion des Testergebnisses

Das Ziel der Evaluation war es, zu eruieren, ob eine schnelle Einarbeitung in das System möglich ist, die Benutzung des CAT-Systems die Qualität der Übersetzung verbessern hilft, die Übersetzungsgeschwindigkeit ansteigt und ob eine Benutzerakzeptanz vorhanden ist. Die Tests wurden in der gewohnten Büroumgebung der Übersetzer durchgeführt. Sie übersetzten unter üblichen Bedingungen bezüglich Zeit und Schwierigkeitsgrad einen Text mit dem CAT-System. Die Ergebnisse des Testes können wie folgt bewertet werden:

- Die Übersetzer waren nach anfänglich großer Skepsis vom System positiv angetan. Die Übersetzerin, die zu Beginn am meisten Ablehnung zeigte, war am Ende eine begeisterte Benutzerin des Systems.

- Die Testpersonen sahen sich in die Entwicklung einbezogen. Der benutzerzentrierte Entwicklungsansatz hat die Akzeptanz des Systems eindeutig verbessert. Alle Benutzer zeigten sich nach dem letzten Test an der weiteren Entwicklung interessiert.

- Die Qualität der Übersetzung wurde von den Gruppenleitern im Blindtest (anonyme Autoren) begutachtet. Sie konnten keinen Unterschied feststellen. Die Benutzung von Informationen aus der Termbank verursachten keine Fehler.

- Auf den ersten Blick scheint das erstrebte Ziel einer schnelleren Übersetzung nicht erreicht, denn die Gruppe, die den Text mit dem CAT-System übersetzte, benötigte mehr Zeit als die Vergleichsgruppe. Dieser Zeitunterschied hat mehrere Gründe:

  1. Das System wurde von den Übersetzern nur für die Tests eingesetzt. Sie hatten deshalb in der Handhabung keine Routine.

2. Die Übersetzer mit dem CAT-System schlugen mehr Terme nach, als die Vergleichsgruppe.

3. Es wurde ein komplexes DTP-System zur Textverarbeitung eingesetzt. Vor allem die spanischen Übersetzer hatten damit Probleme, da die Benutzung von Akzenten sehr umständlich gelöst ist.

- Die Übersetzer mit Hyperterm schlugen doppelt so häufig nach. Durch die einfache Handhabung waren die Übersetzer motiviert, bei einer Gebrauchsunsicherheit nachzuschlagen. Umständliches Blättern in einem Lexikon hält Übersetzer meist davon ab, bei kleinen Unsicherheiten nachzuschlagen. Außerdem wollten sie über den Termbankinhalt Aussagen machen. Das häufige Nachschlagen brachte neue, alternative Übersetzungen, die von den Übersetzern gerne aufgegriffen wurden. Der Einsatz eines CAT-Systems ermöglicht somit eine exaktere Übersetzung.

- Der Übersetzer, der den Langzeittest durchführte, arbeitete mit dem System schneller, sofern der Termbankinhalt genügend groß war. Er hat nach anfänglichen Schwierigkeiten, wie Systemzusammenbrüche und nicht ausreichende Hilfeinformationen, das System gerne eingesetzt.

- Die Evaluation der Benutzungsoberfläche ergab in Bezug auf Zuverlässigkeit, daß die Gestaltung der Oberfläche der Aufgabe angemessen war und im Fehlerfall eine verständliche Hilfeinformation angeboten wurde. Die spanische Übersetzerin war mit dem spanische Hilfetext nicht zufrieden und benutzte daher die deutsche Version. Bezüglich der Benutzbarkeit hatten die Testpersonen nach eigenen Angaben keine Probleme beim Nachschlagen. Sie fanden einfache Operationen einfach realisiert.

- Die Beobachtung der Übersetzer im Szenariotest zeigte sehr individuelle Suchstile. Die nicht-technische Übersetzerin hat den Browser häufiger eingesetzt und ist den Verbindungen nachgegangen. Ein Übersetzer hat Wildcards als abkürzende Schreibweise, ein anderer als Filter über eine Gruppe von Termen verwendet. Die spanische Übersetzerin hat zu Beginn des Tests alle unbekannten Terme aus dem Text in eine Liste kopiert und eine gemeinsame Suche gestartet. Wenn die Termbank keine spanischen Äquivalente enthielt, hat sie andere Informationen (z.B. Kontext, Definition) zum Term gelesen.

8. Zusammenfassung und Ausblick

Eine zunehmende Spezialisierung auf allen Gebieten des Wissens führt zu immer stärker differenzierten und ständig wachsenden Terminologien. Dadurch und durch hohe Innovationsraten in vielen Fachgebieten, das verschärfte Produkthaftungsgesetz und eine zunehmende Exporttätigkeit erhöhen sich die Anforderungen an die technische Dokumentation und Übersetzung. Durch das Einrichten einer Koordinierungsstelle für alle terminologischen Aktivitäten eines Unternehmens kann die Kommunikation im Betrieb optimiert werden. Eine Terminologiedatenbank liefert eine technische Unterstützung dieser Koordinierungsstelle.

8.1 Zusammenfassung der Arbeit

Die vorliegende Arbeit zeigt die Mängel existierender Terminologiedatenbanken auf und beschreibt Hyperterm - eine erweiterte Termbank -, die diese Mängel wenn nicht behebt, so doch deutlich verringert. Ausgehend von einer Benutzer- und Aufgabenanalyse wurde ein System entwickelt, das die Terminologiearbeit der Übersetzer und Dokumentare unterstützt. Es wurde eine Termbankarchitektur erarbeitet, die die wichtigsten Informationskategorien berücksichtigt. Diese Termbank wurde erweitert durch ein Werkzeug, das terminologische Hintergrundinformation aufbereitet und anbietet und den Benutzer bei der Erarbeitung der Terminologie unterstützt. Er kann durch diese Hintergrundinformation navigieren und sich ein Wissensgebiet erschließen.

Für Hyperterm wurde eine Benutzungsoberfläche entwickelt und implementiert, die auch arbeitswissenschaftlichen Anforderungen an einen computergestützten Arbeitsplatz genügt und an die Benutzerbedürfnisse angepaßt ist. Die Oberfläche stellt einen direkten Zugriff auf die Termbankeinträge und einen Browser bereit sowie eine Modifikationskomponente, die die Konsistenz von Hyperterm überprüft. Zur Navigation bietet die Oberfläche viele Werkzeuge und Hilfen zur Orientierung an.

In entwicklungsbegleitenden Tests wurde das System von Anwendern evaluiert. Ihre Kritik floß in die Entwicklung weiterer Prototypen mit ein. Die Evaluation erfolgte auf inhaltlicher und funktionaler Ebene sowie bezüglich der Benutzungsoberfläche.

8.2 Ausblick und Erweiterungsmöglichkeiten

In Zukunft rücken in der technischen Übersetzung und Dokumentation – neben den übersetzungsspezifischen – immer mehr übersetzungsfremde Aspekte in den Vordergrund. Aufträge, bei denen verlangt wird, daß das Layout des Zieltextes dem des Ausgangstextes entsprechen soll, stellen die Übersetzer vor Anforderungen, die mit der eigentlichen Übersetzung nichts mehr zu tun haben. Eine Aufgabe, die viele Übersetzungsabteilungen zu lösen haben, ist die Konvertierung zwischen Dokumentenformaten. Zukünftige CAT-Systeme müssen diese Anforderungen berücksichtigen.

Neuere Entwicklungen im Bereich der objektorientierten Datenbanksysteme sind vielversprechend, sie scheinen sich im Bereich Terminologie gut einsetzen zu lassen. Bis heute gibt es jedoch keine Termbank, die auf einem objektorientierten Datenbanksystem basiert.

Das integrierte Übersetzungsunterstützungs-System der Zukunft, das neben übersetzungsspezifischen auch die übersetzungsfremden Aspekte der technischen Dokumentation berücksichtigt, verfügt über ein vernetztes Desktop-Publishing-System mit Grafikeinbindung, Terminologiekontrolle, einer Möglichkeit zur farbigen Darstellung der Dokumente und verschiedene Konverter. Ein Ausbau zum Hypermediasystem bietet mit Videos und Ausspracheinformationen weitere mögliche Informationsquellen. Auf Hardware-Ebene gehören CD-ROM zur Speicherung großer Termbestände, Scanner mit OCR zum raschen Einlesen von Terminologien und Texten und parallele Multiprozessorarchitekturen zur Standardausrüstung des Übersetzungs- und Dokumentationsbüros des Jahres 2000.

Dieses integrierte Dokumentationssystem schafft die Voraussetzung für eine eindeutige Kommunikation in einem Unternehmen:
- zwischen Forschung und Entwicklung,
- zwischen den Autoren der Handbücher, den Übersetzern, den Ingenieuren, die ein Produkt entwerfen und den Meistern, die das Produkt bauen und testen,
- zwischen dem Unternehmen, seinen Zulieferern und Partnern und
- zwischen dem Unternehmen, seinen Märkten und seinen Kunden.

Diese Kommunikation ist notwendig, um die Dokumentation als Teil des Produktes frühzeitig in den Produktzyklus einbauen zu können. Hyperterm liefert damit einen wertvollen Beitrag zu einem kooperativen Dokumentationssystem.

Abbildung 8.1 enthält einen Überblick über die vorliegende Arbeit und weist auf mögliche Eweiterungen und Verbesserungen für zukünftige Systeme hin.

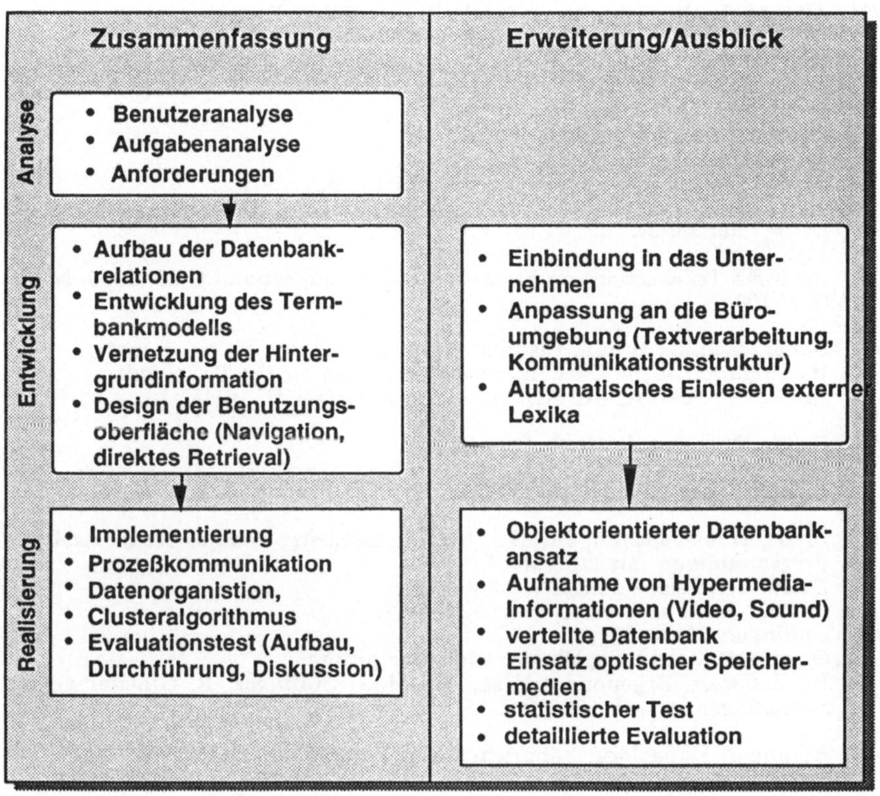

Abbildung 8.1:   Zusammenfassung der Arbeit und Erweiterungsvorschläge

Bibliographie

/1/ Ahmad, Khurshid; Holmes-Higgin, Paul; Langdon, Andrew:
A computer based environment for eliciting, representing, and dissemi-
nating terminology.
ESPRIT Projekt No. 2315 TWB, Report WP 1.1. University of Surrey, 1990.

/2/ Albl, Michaela; Kohn, Kurt; Pooth, Stefan; Zabel, Renate:
Specification of Terminological Knowledge for Translation Purposes.
ESPRIT Projekt No. 2315 TWB, Report WP 1.4. Universität Heidelberg,
1990.

/3/ Bartsch, Michael:
Produkthaftung für Software.
In: Office Management (1991) Nr. 7-8, S. 15-18.

/4/ Bates, Marcia, J.:
Idea Tactics.
In: IEEE Transactions on Professional Communication PC-23 (1980) No. 2,
S. 95-100.

/5/ Bauer, Monika; Braun, Claudia; Hoepelman, Jaap; Mayer, Renate:
Investigation of the User Interface Component for the Termbank.
ESPRIT Projekt No. 815 HUFIT, 22-Report-IAO-05/88, 1988.

/6/ Belkin, Nicholas J.; Croft, Bruce:
Retrieval Techniques
In: ARIST Vol. 22 (1987) S. 109-145.

/7/ Brede, Hans-Joachim; Josuttis, Nicolai; Lemberg, Sabine; Lörke, Achim:
Programmieren mit OSF/Motif.
Bonn, München: Addison Wesley, 1991.

/8/ Bullinger, Hans-Jörg:
Grundsätze und Beispiele der Dialoggestaltung.
In: Software Ergonomie/ Hrsg. von H.-J. Bullinger, R. Gunzenhäuser.
Sindelfingen: expert, 1986, S. 1-15.

/9/ Bullinger, Hans-Jörg; Fähnrich, Klaus-Peter; Ziegler, Jürgen:
Software Ergonmics: History, State-of-the-art and important trends.
In: Cognitive Engineering in the design of Human-Computer Interaction
and Expert Systems/ Hrsg. von G. Salvendy. Amsterdam u.a.: Elsevier,
1987, S. 307-316.

/10/ Bullinger, Hans-Jörg:
User Interface Management - The strategic view.
In: Human Aspects in Computing: Design and Use of Interactive Systems
and Work with Terminals, 1-6 September, Stuttgart/ Hrsg. von H.-J.
Bullinger. Amsterdam u.a.: Elsevier, 1991, S. 27-38.

/11/ Bush, Vannevar:
As we may think.
Atlantic Monthly, (1945) July 1945, S. 101-108.

/12/ Bussolati, U.; Ceri, S.; De Antonellis, V,; Zonta, B.:
Views Conceptual Design.
In: Methodology and Tools for Database Design/ Hrsg. von S. Ceri. Amsterdam u. a.: North Holland, 1983, S. 25-55.

/13/ Campbell, Brad; Goodman, Joseph, M.:
HAM: A general purpose hypertext abstract machine.
In: Communications of the ACM Vol. 31 (1988) No. 7, S. 856-861.

/14/ Chen, P.P.:
The Entity-Relationship Model - Toward a Unified View of Data.
In: ACM Transactions on Database Systems Vol. 1 (1976) No.1, S. 9-36.

/15/ Clauß, G.; Kulka, H.; Lompscher, J.; Rösler, H.-D.; Timpe, K.-P.; Vorweg, G.:
Wörterbuch der Psychologie.
Leipzig: Insel, 1976.

/16/ Commission des communautés europèennes:
Terminologie.
Bulletin No. 38 Luxembourg, 1981.

/17/ Conklin, Jeff:
Hypertext: An introduction and survey.
In: IEEE Computer Vol. 20 (1987) No 9, S. 17-41.

/18/ Date, C. J.:
An Introduction to Database Systems.
4th Edition, Vol. I, Reading, Massachusetts u.a.: Addison-Wesley, 1986.

/19/ Norm DIN 2330 März 1979.
Begriffe und Benennungen - Allgemeine Grundsätze.

/20/ Norm DIN 2331 April 1980.
Begriffssysteme und ihre Darstellung.

/21/ Norm DIN 2339 Teil 1 August 1982.
Ausarbeitung und Gestaltung von Veröffentlichungen mit terminologischen Festlegungen - Stufen der Terminologiearbeit.

/22/ Vornorm DIN 8418 August 1978.
Benutzerinformation - Hinweise für die Erstellung.

/23/ Norm DIN 31623 Teil 1-3 September 1988.
Indexierung zur inhaltlichen Erschließung von Dokumenten.

/24/ Norm DIN 66234 Teil 8 1988.
Bildschirmarbeitsplätze: Grundzüge ergonomischer Dialoggestaltung.

/25/ Domenig, Marc:
Entwurf eines dedizierten Datenbanksystems für Lexika.
Zürich, Eidgenössische Technische Hochschule, Diss., 1986.

/26/ Dörre, Ingrid:
Entwurf für eine Benutzerschnittstelle für eine Terminologiedatenbank -
Modifikationsschnittstelle.
Universität Stuttgart, IfI, Studienarbeit Nr. 845, 1990.

/27/ Duckwitz, Kai:
Direkt-manipulative Benutzungsoberfläche zur Modifikation einer Term-
bank.
Universität Stuttgart, IfI, Studienarbeit Nr. 1072, 1992.

/28/ Engelien, Brigitte; McBryde, Ronnie:
Natural Language Markets: Commercial Strategies.
London: Ovum Ltd., 1991.

/29/ Fähnrich, Klaus-Peter; Ziegler, Jürgen:
Software-Ergonomie: Stand und Entwicklung.
In: Software Ergonomie/ Hrsg. von K.-P. Fähnrich. München:
Oldenbourg, 1987, S.9-28.

/30/ Felber, Helmut:
Terminology Manual.
Paris: Unesco: Infoterm, 1984.

/31/ Freiburg, Dietmar:
Ergonomie in Dokumenten-Retrievalsystemen.
Berlin, New York: Walter de Gruyter, 1987.

/32/ Freibott, Gerhard; Heid, Ulrich:
Terminological and lexical knowledge for computer aided translation and
technical writing.
In: TKE'90: Terminology and Knowledge Engineering, Second
International Congress on Terminology and Knowledge Engineering Vol.
2, 2-4 Oktober 1990, Universität Trier/ Hrsg. von H. Czap, W. Nedobity.
Frankfurt/M: INDEKS, 1990, S. 522 - 535.

/33/ Freibott, Gerhard:
Produkthaftung und Terminologie Erstellung ein- und mehrsprachiger
Dokumentation.
In: Terminologie als Qualitätsfaktor: Symposium deutscher Terminologie-
Tag, 12.-13. April 1991 Köln/ Hrsg. von R. Arntz, F. Mayer, U. Reisen.
Köln: Deutscher Terminologie-Tag, 1991, S. 37-55.

/34/ Fulford, Heather; Höge, Monika:
Preliminary study of user requirements - methods of investigation,
ESPRIT Projekt No. 2315 TWB, Report WP 3.5. University of Surrey,
Mercedes-Benz, 1989.

/35/ Furnas, G.W.:
Generalized fish-eye views.
In: Proceedings of the ACM CHI 13-17 April 1986 Boston, 1986 , S. 16-23.

/36/ Goldschmidt, Marianne S.:
Computergestützte Übersetzungssysteme.
In: Output (1991) Heft 4, S. 21 - 25.

/37/ Hallensleben, Jutta:
Effektive Teamarbeit nur mit integriertem Konzept.
In: Handelsblatt (1992) Nr. 50 , 11.03.92, S. 19.

/38/ Hartmann, R.K.K.:
Wozu Wörterbücher? - Die Benutzungsforschung in der zweisprachigen
Lexikographie.
In: Lebende Sprachen XXXII (1987) Heft 4, S. 154 - 157.

/39/ Hinz, Hanne; Madsen, Bodil Nistrup; Engel, Gert:
DANTERM/ ORACLE application.
In: TermNet News (1989) No. 26, S. 12 - 20.

/40/ Hofmann, M.; Cordes, R.; Langendörfer, H.:
Hypertext/Hypermedia.
In: Informatik Spektrum Bd. 12 (1989) Heft 4, S. 218-220.

/41/ Höge, Monika; Wiedenmann, Otto; Kroupa, Edith:
Evaluation of the TWB.
ESPRIT Projekt No. 2315 TWB, Report WP 3.5. Mercedes-Benz, 1991.

/42/ Höge, Monika; Kroupa, Edith:
Towards the Design of a Translator´s Workstation - Organisational Back-
ground and User Implications.
In: Human Aspects in Computing: Design and Use of Interactive Systems
and Information Management, 1-6 September, Stuttgart/ Hrsg. von H.-J.
Bullinger. Amsterdam u.a.: Elsevier, 1991, S. 1036-1040.

/43/ Hohnhold, Ingo:
Die Terminologiedatenbank TEAM im Sprachendienst Siemens München.
In: BDÜ-Mitteilungsblatt, 3 (1984) 30 S. XX-YY.

/44/ Ilg, Rolf; Ziegler, Jürgen:
Interaktionstechniken.
In: Software Ergonomie/ Hrsg. von K.-P. Fähnrich. München:
Oldenbourg, 1987, S. 106-117.

/45/ Krings, Hans P.:
Was in den Köpfen von Übersetzern vorgeht.
Tübinger Beiträge zur Linguistik 291, Tübingen: Gunter Narr, 1986.

/46/ Krollmann, Friedrich:
Hilft der Computer dem Übersetzer oder vernichtet er seinen Arbeitsplatz?
In: Wort und Sprache - Beiträge zu Problemen der Lexikographie und
Systempraxis: Zum 125jährigen Bestehen des Langenscheidt Verlags.
Berlin: Langenscheidt, 1981, S. 13-23.

/47/ Lockemann, P.C.; Schmidt, J.W.:
Datenbank Handbuch.
Berlin, Heidelberg: Springer, 1987.

/48/ Maier, Elisabeth:
Entwurf einer Benutzerschnittstelle für Terminologie-Datenbanken
Universität Stuttgart, Institut für Informatik, Diplomarbeit Nr. 631, 1987.

/49/ Marchionini, Gary:
An invitation to browse: Designing full-text systems for novice users.
In: The Canadian Journal of Information Science Vol. 12 (1987) No. 3/4, S.
69-79.

/50/ Marchionini, Gary; Shneiderman, Ben:
Finding Facts vs. Browsing Knowledge in Hypertext Systems.
In: IEEE Computer Vol. 21 (1988) No. 1, S. 70-80.

/51/ Mayer, Felix:
Terminologieverwaltungssysteme für Übersetzer.
In: Lebende Sprachen XXXV (1990) Heft 3, S. 106 - 114.

/52/ Mayer, Renate; Geer, Dagmar:
Investigation of Interface Metrication.
ESPRIT Projekt No. 2315 TWB, Report WP 3.5, Stuttgart: FhG-IAO, 1989.

/53/ Mayer, Renate:
Benutzerschnittstelle für eine Terminologiedatenbank.
In: Interaktion und Kommunikation mit dem Computer, GLDV-
Jahrestagung, 7-9 März 1989, Ulm/ Hrsg. von B. Endres-Niggemeyer et al.
Heidelberg u.a.: Springer 1990, S. 128-138.

/54/ Mayer, Renate:
Spezifikation eines konzeptionellen Schemas für Terminologiedaten-
banken.
In: Objektorientierte Datenbanksysteme: IAO-Forum, 20. April 1991,
Stuttgart/ Hrsg. von H.-J. Bullinger. Berlin u.a.: Springer, 1991, S. 151 -
163.

/55/ Melby, Alan:
Terminology - an indispensable tool for information management.
In: TermNet News (1989) No. 26, S. 3-9.

/56/ Miike, Seji, Amano Shin-ya, Uchida, Hiroshi, Yokoi, Toshio:
The structure and function of the EDR concept dictionary.
In: TKE'90: Terminology and Knowledge Engineering, Second
International Congress on Terminology and Knowledge Engineering Vol.
1, 2-4 Oktober 1990, Universität Trier/ Hrsg. von H. Czap, W. Nedobity.
Frankfurt/M: INDEKS, 1990, S. 31-40.

/57/ Morris, Charles William:
Grundlagen der Zeichentheorie. Ästhetik und Zeichentheorie.
Frankfurt/M, Berlin, Wien: Ullstein, 1979.

/58/ Nelson, Ted:
Getting it out of our system.
In: Information Retrieval - a critical view/ Hrsg. von G. Schecter. London:
Academic Press, 1966, S. 191-210.

/59/ Nielsen, Jacob:
Hypertext and Hypermedia.
Boston: Academic Press, 1990.

/60/ Noack, Claus:
Rechtsprechung zum Thema "Technische Dokumentation".
In: tekom Nachrichten 14 (1991) Nr. 3, S.57.

/61/ ohne Verfasser:
Gesetz über die Haftung für fehlerhafte Produkte (Produkthaftungsgesetz)
In: Bundesgesetzblatt, 15. 12. 1989.

/62/ ohne Verfasser:
Kraftfahrzeugkunde.
Düsseldorf: Europa, 1988.

/63/ ohne Verfasser:
Produktion multilingualer Dokumente.
Protokoll des Bremer Workshop, Karlsruhe, 12-14 Okt. 1990/ Hrsg. von
Institut für Systeminnovation (ISI) der FhG:

/64/ ohne Verfasser:
Technische Dokumentation mit EDV - Der beste Weg, Kataloge und
Preislisten zu aktualisieren.
In: Impulse (1990) Nr. 6, S. 213-217.

/65/ Ostberg, O.; Chapman, L.:
Social aspects of computer use.
In: Handbook of Human-Computer Interaction/ Hrsg. von M. Helander.
Amsterdam: North Holland, 1988, S. 1033-1049.

/66/ Panyr, Jiri:
Anwendung automatischer Klassifikationsverfahren in Information
Retrieval Systemen.
In: Anwendungen der Klassifikation: Datenanalyse und numerische
Klassifikation, 8. Jahrestagung der Gesellschaft für Klassifikation, Stu-
dien zur Klassifikation Bd. 15 18-20 März 1984/ Hrsg. von H.H. Bock.
Heidelberg u.a.: Springer, 1984, S. 240-265.

/67/ Panyr, Jiri:
Automatische Klassifikation und Information Retrieval.
Tübingen: Niemeyer, 1986.

/68/ Peschke, Helmut, Wittstock, Marion:
Benutzerbeteiligung im Software-Entwicklungsprozeß.
In: Software Ergonomie/ Hrsg. von K.-P. Fähnrich. München, Wien:
Oldenbourg, 1987, S. 81-94.

/69/ Picht, Heribert; Draskau, Jennifer:
Terminology: An Introduction.
Guildford: The University of Surrey, 1985.

/70/ Rasmussen, Edie M.; Willett, Peter:
Database Processing using a highly Parallel Array Processor.
In: Prospect for intelligent retrieval. Proceedings of the ASLIB Informatics
Group Cambridge 1989/ Hrsg. von K.P. Jones. INFORMATICS 10, London:
ASLIB, 1990.

/71/ Raymond, Darrell R.; Tompa, Frank W.M.:
Hypertext and the Oxford English Dictionary.
In: Communications of the ACM Vol. 31 (1988) No. 7, S. 871-879.

/72/ Rijsbergen, C. J. van:
Information Retrieval.
2nd ed., London Boston: Butterworths, 1979.

/73/ Sager, Juan C., Price, L.E.:
The British Term Bank Project.
CCL/UMIST Report No. 83/14 1983.

/74/ Salton, Gerard:
The SMART Retrieval System: Experiments in Automatic Document
Processing.
Prentice Hall: Englewood Cliffs, 1971.

/75/ Salton, Gerard; McGill, Michael J.:
Introduction to Modern Information Retrieval.
New York: McGraw Hill, 1983.

/76/ Scheffel, Helmut:
Lust und Leiden an Wörterbüchern.
In: Wort und Sprache - Beiträge zu Problemen der Lexikographie und
Sprachpraxis: Zum 125jährigen Bestehen des Langenscheidt Verlags.
Berlin: Langenscheidt, 1981, S. 7-13.

/77/ Schmitt, Peter A.:
Was übersetzen Übersetzer? - Eine Umfrage.
In: Lebende Sprachen XXXV (1990) Heft 3, S. 97 - 106.

/78/ Schneider, Thomas:
Übersetzungen aus der Maschine - wissensbasierte Systeme in der An-
wendung.
In: KI (1988) 4, S. 60 - 66.

/79/ Shneiderman, Ben:
We can design better user interfaces: a review of human-computer
interaction styles.
In: International Ergonomics Association Vol. 31 (1988) No. 5, S. 699-710.

/80/ Shneiderman, Ben; Brethauer, D.; Plaisant, C.; Potter, R.:
The Hyperties electronic encyclopedia: An evaluation based on three
museum installations.
In: Journal of American Society for Information Science Vol. 40 (1989) No.
3, S. 172-182.

/81/ Slocum, Jonathan:
How one might automatically identify and adapt to a sublanguage: An
initial exploration.
In: Analyzing Language in Restricted Domains: Sublanguage Description
and Processing/ Hrsg. von R. Grishman, R. Kittredge. Hillsdale
NewJersey: Lawrence Erlbaum Assoc. 1986, S. 195-209.

/82/ Smeaton, Alan:
Natural Language Processing and Information Retrieval.
In: Prospect for intelligent retrieval. Proceedings of the ASLIB Informatics
Group Cambridge 1989 Hrsg. von K.P. Jones. INFORMATICS 10, London:
ASLIB, 1990.

/83/ Smith, D.C.P.; Smith, J.M.:
Database Abstraction: Aggregation and Generalization.
In: ACM Transactions on Database Systems Vol. 2 (1977) No. 2, S. 105-133.

/84/ Sommerville, H:
Software Engineering.
Dritte Auflage, Wokingham: Addison Wesley, 1989.

/85/ Sparck Jones, Karen:
A statistical interpretation of term specifity and its application in retrieval.
In: Journal of Documentation 28 (1972), S. 11-21.

/86/ Torabli, Kian:
Entwurf und Implementierung eines hypertextuellen Karteikarten-
systems.
Universität Stuttgart, IfI Studienarbeit Nr. 1070 1992.

/87/ Union of the International Technical Associations (UITA):
Preliminary Feasibility Study of a U.I.T.A. Terminology Data Bank.
prepared for the UNESCO by the UITA Working Group 1 Terminology,
1982.

/88/ Voigt, Walter:
Wörterbuch, Wörterbuchmacher, Wörterbuchprobleme. Ein Werkstatt-
gespräch.
In: Wort und Sprache - Beiträge zu Problemen der Lexikographie und
Systempraxis: Zum 125jährigen Bestehen des Langenscheidt Verlags.
Berlin: Langenscheidt, 1981, S. 24-34.

/89/ Vollnhals, Otto:
TEAM: ein Systemüberblick.
In: Le Langage et l'Homme, No. 59, 1985, S. xx-yy.

/90/ Wiegand, Herbert E.:
Nachdenken über Wörterbücher: Aktuelle Probleme.
In: Drosdowski, G. et al: Nachdenken über Wörterbücher; Mannheim/
Wien/Zürich, 1977.

/91/ Wiegand, Herbert Ernst:
Definition und Terminologienormung - Kritik und Vorschläge.
In: Terminologie als angewandte Sprachwissenschaft Gedenkschrift für
Univ.-Prof. Dr. Eugen Wüster/ Hrsg. von H. Felber, F. Lang, G. Wersig.
München: G. Saur 1979, S. 101-148.

/92/ Williams, Gregg:
HyperCard.
In: Byte (1987) 2, S. 109-117.

/93/ Willett, Peter:
Recent Trends in hierarchic Document Clustering: A critical review.
In: Information Procesing and Management Vol. 24 (1988) No. 5, p. 577-597.

/94/ Wilss, Wolfram:
Fachsprache und Übersetzen.
In: Terminologie als angewandte Sprachwissenschaft Gedenkschrift für Univ.-Prof. Dr. Eugen Wüster/ Hrsg. von Felber, H.; Lang, F.; Wersig, G. München u.a.: G. Saur, S. 177-191, 1979.

/95/ Wilss, Wolfram:
Kognition und Übersetzen
Tübingen: Niemeyer, 1988.

/96/ Wüster, Eugen:
Einführung in die Allgemeine Terminologielehre und Terminologische Lexikographie.
Wien u.a.: Springer, 1979.

/97/ Zimmer, Hubert D.:
Die Repräsentation und Verarbeitung von Wortformen.
In: Handbuch der Lexikologie/ Hrsg. von C. Schwarze, D. Wunderlich. Stuttgart: Teubner, 1985, S. 271-291.

Glossar

Ähnlichkeitsmaß Ein Ähnlichkeitsmaß ordnet einem Paar von Objekten eine reelle Zahl zu, die um so größer ist, je ähnlicher die Objekte zueinander sind.

Antonym Gegensatzwort - Wort mit Gegenbedeutung. Man unterscheidet den kontradiktorischen Gegensatz (Armut - Reichtum) vom konträren (einbauen - ausbauen) und komplementären (männlich - weiblich).

Begriff Begriffe meinen etwas Abstraktes und Allgemeines. Der Begriff ist die Bedeutung eines Terms. Synonyme Terme stellen denselben Begriff dar

Browser Werkzeug zur Navigation durch ein Informationsnetz, um von Knoten zu Knoten des Netzes zu gelangen.

Clusterverfahren Clusterverfahren werden in statistischen Retrievalmodellen zur Abbildung des Dokumentenbestands benutzt. Hierbei werden auf der Basis eines Ähnlichkeitsmaßes,,inhaltliche" Ähnlichkeiten zwischen den Dokumenten berechnet und in Form von Vektoren in einer Matrix abgebildet. Ähnliche Dokumente werden dabei in Cluster zusammengefaßt.

Definition Es gibt im wesentlichen zwei Formen von Definitionen: die Inhaltsdefinition und die Umfangsdefinition. Erstere besteht in der Angabe der kennzeichnenden Merkmale des Begriffs, zweitere gibt alle unter den Begriff fallenden Gegenstände an.

Deskriptor Deskriptoren sind die in einem Retrievalsystem zur Indexierung einzelner Dokumente zugelassenen Terme.

Dokumenten-Deskriptor-Matrix Matrix zur Repräsentation des Dokumentenbestands. Jede Zeile der Matrix repräsentiert ein Dokument, jede Spalte einen Term.Der Eintrag (ij) in der Matrix ist Null, wenn der Term (j) nicht im Dokument (i) enthalten ist; andernfalls repräsentiert der Eintrag (ij) die positive Gewichtung des Terms (j) im Dokument (i).

Enzyklopädie Ein einsprachiges Nachschlagewerk, das den Begriffsinhalt klären will.

Freitextretrieval Freitextretrieval ist eine Form des Information Retrieval, bei dem die Suche in Daten durchgeführt wird, die als Text in natürlicher Sprache gegeben sind.

Indexierung Die Zuteilung der Menge von Deskriptoren, die ein Dokument inhaltlich beschreibt, nennt man indexieren. Geschieht dies manuell, spricht man von manueller oder intellektueller Indexierung. Werden hingegen hierfür computergestützte Verfahren eingesetzt, spricht man je nach Grad von automatischer beziehungsweise halbautomatischer Indexierung.

Navigieren Das Verfolgen logischer oder inhaltlicher Verbindungen und Referenzen zwischen Objekten in Informationsnetzen.

Polysemie beschreibt die Tatsache, daß ein Wort mehrere (miteinander verbundene) Bedeutungen hat, z.B. Pferd (Tier), Pferd (Turngerät), Pferd (Spielzeug), Pferd (Schachfigur).

Recherche Vom Benutzer mittels Suchfrage gesteuert Wiedergewinnung von Informationen.

Retrievalsystem Ein Retrievalsystem ist ein System, das dem Speichern und dem Wiederauffinden (Information-Retrieval) von Informationen dient.

Stoppwort Unter Stoppwörtern werden nicht bedeutungstragende Worte einer natürlichen Sprache verstanden, die im Rahmen einer koordinierten Indexierung von Dokumenten vernachlässigbar sind.

Suchfrage Die Anfrage des Benutzers an das System wird in einer Suchfrage formuliert, die aus einem natürlichsprachlichen Text oder in Form von ausgewählten Suchbegriffen (Deskriptoren) besteht.

Synonymie Im engeren Sinne Bedeutungsidentität, im weiteren Sinne Bedeutungsähnlichkeit unterschiedlicher Formen.

Term Grundbegriff, Grundausdruck eines Systems. Die kleinste sprachliche Einheit, der durch semantische Interpretation ein Objekt zugewiesen werden kann.

Termbank Eine Termbank beinhaltet die multilinguale Terminologie eines oder mehrerer Fachgebiete. Für den Zugriff und die Modifkation der Termeinträge gibt es Funktionen.

Terminologie Der Fachwortschatz eines Wissenschaftsgebiets (1), die Gesamtheit der Terme eines Fachgebiets (2), die Lehre von den Termen eines Fachgebietes (3).

Thesaurus Ein Thesaurus ist eine geordnete Menge von Benennungen, die ein System zur fach- und/oder problemorientierten Klassifizierung und Ordnung von Begriffen bilden.

Vollformenlexikon Ein Vollformenlexikon enthält nicht nur die Grundformen der Wörter, sondern zu jeder konjugierten oder deklinierten Form der Wörter einen Eintrag.

Volltext-Retrieval Anwendung des Information Retrieval auf vollständige, nicht inhaltlich aufbereitete natürlichsprachliche Texte (Dokumente).

Wildcard Ein Wildcardoperator ermöglicht die Eingabe unvollständiger Suchterme in einer Suchfrage. Die Wildcard (häufig ein *) steht für eine beliebige Zeichenkette und wird meist als Infix- oder Postfixoperator benutzt.

```
SQL> select * from cat;

TABLE_NAME                          TABLE_TYPE
----------------------------------  -----------
TERM_DEFINITION                     TABLE
TERM_DEF_TEXT                       TABLE
TERM_DOMAIN                         TABLE
TERM_ENCYCLOPEDIA                   TABLE
TERM_ENTRY                          TABLE
TERM_ENTRY_ERKL                     TABLE
TERM_ENTRY_TRANS                    TABLE
TERM_ERKL_ERKL                      TABLE
TERM_ERKL_TEXT                      TABLE
TERM_ERLAUETERUNG                   TABLE
TERM_ERL_TEXT                       TABLE
TERM_KANDIDAT                       TABLE
TERM_KOLLOKATION                    TABLE
TERM_QUELLE                         TABLE
TERM_SUBORDINATION                  TABLE
TERM_SYNONYM                        TABLE
TERM_TK_TEXT                        TABLE
TERM_TRANSFER                       TABLE
TERM_TRANS_KOMMENTAR                TABLE

SQL> describe term_definition
 Name                               Null?      Type
 ----------------------------------  --------   ----
 DEF_KEY                                        NUMBER(5)
 REPRESENTATIVE                                 NUMBER(5)
 S_KEY                                          CHAR(9)
 STATUS                                         CHAR(1)
 TERMINOLOGIST                                  CHAR(3)
 ADATE                                          DATE

SQL> describe term_def_text
 Name                               Null?      Type
 ----------------------------------  --------   ----
 DEF_KEY                                        NUMBER(5)
 LINE_NO                                        NUMBER(5)
 TEXT                                           CHAR(80)

SQL> describe term_domain
 Name                               Null?      Type
 ----------------------------------  --------   ----
 D_KEY                                          NUMBER(5)
 SD_KEY                                         NUMBER(5)
 IDENTIFIER                                     CHAR(80)
 ADATE                                          DATE

SQL> describe term_encyclopedia
 Name                               Null?      Type
 ----------------------------------  --------   ----
 ERKL_KEY                                       NUMBER(5)
 CLUSTER                                        NUMBER(5)
 STATUS                                         CHAR(1)
 TERMINOLOGIST                                  CHAR(3)
 ADATE                                          DATE
```

```
SQL> describe term_erl_text
 Name                                    Null?     Type
 --------------------------------------- --------- ----
 E_KEY                                             NUMBER(5)
 LINE_NO                                           NUMBER(5)
 TEXT                                              CHAR(80)

SQL> describe term_kandidat
 Name                                    Null?     Type
 --------------------------------------- --------- ----
 ENTRY_KEY                                         NUMBER(5)
 EXIT_KEY                                          NUMBER(5)
 KANDIDAT                                          CHAR(80)
 STATUS                                            CHAR(1)
 TERMINOLOGIST                                     CHAR(3)
 ADATE                                             DATE

SQL> describe term_kollokation
 Name                                    Null?     Type
 --------------------------------------- --------- ----
 ENTRY_KEY                                         NUMBER(5)
 EXIT_KEY                                          NUMBER(5)
 STATUS                                            CHAR(1)
 TERMINOLOGIST                                     CHAR(3)
 ADATE                                             DATE

SQL> describe term_quelle
 Name                                    Null?     Type
 --------------------------------------- --------- ----
 S_KEY                                             CHAR(9)
 TEXT_TYPE                                         CHAR(3)
 REFERENCE                                         CHAR(255)

SQL> describe term_subordination
 Name                                    Null?     Type
 --------------------------------------- --------- ----
 ENTRY_KEY                                         NUMBER(5)
 EXIT_KEY                                          NUMBER(5)
 KIND                                              CHAR(3)
 STATUS                                            CHAR(1)
 TERMINOLOGIST                                     CHAR(3)
 ADATE                                             DATE

SQL> describe term_synonym
 Name                                    Null?     Type
 --------------------------------------- --------- ----
 ENTRY_KEY                                         NUMBER(5)
 EXIT_KEY                                          NUMBER(5)
 STATUS                                            CHAR(1)
 TERMINOLOGIST                                     CHAR(3)
 ADATE                                             DATE

SQL> describe term_tk_text
 Name                                    Null?     Type
 --------------------------------------- --------- ----
 TK_KEY                                            NUMBER(5)
 LINE_NO                                           NUMBER(5)
 TEXT                                              CHAR(60)
```

```
SQL> describe term_entry
 Name                                    Null?    Type
 --------------------------------------- -------- ----
 ENTRY_KEY                                        NUMBER(5)
 ENTRY                                            CHAR(80)
 LANGUAGE                                         CHAR(2)
 COUNTRY                                          CHAR(2)
 TERM_STATUS                                      CHAR(3)
 SHORT_GRAMMAR                                    CHAR(10)
 DOMAIN                                           NUMBER(5)
 DEF_KEY                                          NUMBER(5)
 HEAD_WORD                                        CHAR(20)
 STATUS                                           CHAR(1)
 TERMINOLOGIST                                    CHAR(3)
 ADATE                                            DATE
 ENTRY_PATTERN                                    CHAR(80)

SQL> describe term_entry_erkl
 Name                                    Null?    Type
 --------------------------------------- -------- ----
 ENTRY_KEY                                        NUMBER(5)
 EXIT_ERKL_KEY                                    NUMBER(5)
 STATUS                                           CHAR(1)
 TERMINOLOGIST                                    CHAR(3)
 ADATE                                            DATE

SQL> describe term_entry_trans
 Name                                    Null?    Type
 --------------------------------------- -------- ----
 ENTRY_KEY                                        NUMBER(5)
 TK_KEY                                           NUMBER(5)
 TARGET                                           CHAR(2)
 STATUS                                           CHAR(1)
 TERMINOLOGIST                                    CHAR(3)
 ADATE                                            DATE

SQL> describe term_erkl_erkl
 Name                                    Null?    Type
 --------------------------------------- -------- ----
 ENTRY_ERKL_KEY                                   NUMBER(5)
 EXIT_ERKL_KEY                                    NUMBER(5)
 STATUS                                           CHAR(1)
 TERMINOLOGIST                                    CHAR(3)
 ADATE                                            DATE

SQL> describe term_erkl_text
 Name                                    Null?    Type
 --------------------------------------- -------- ----
 ERKL_KEY                                         NUMBER(5)
 LINE_NO                                          NUMBER(5)
 TEXT                                             CHAR(60)

SQL> describe term_erlaeuterung
 Name                                    Null?    Type
 --------------------------------------- -------- ----
 ENTRY_KEY                                        NUMBER(5)
 E_KEY                                            NUMBER(5)
 KIND                                             CHAR(3)
 S_KEY                                            CHAR(9)
 STATUS                                           CHAR(1)
 TERMINOLOGIST                                    CHAR(3)
```

```
SQL> describe term_transfer
 Name                                    Null?      Type
 --------------------------------------- ---------- ----
 ENTRY_KEY                                          NUMBER(5)
 EXIT_KEY                                            NUMBER(5)
 TARGET                                             CHAR(2)
 STATUS                                             CHAR(1)
 TERMINOLOGIST                                      CHAR(3)
 ADATE                                              DATE

SQL> describe term_trans_kommentar
 Name                                    Null?      Type
 --------------------------------------- ---------- ----
 TC_KEY                                             NUMBER(5)
 STATUS                                            CHAR(1)
 TERMINOLOGIST                                      CHAR(3)
 ADATE                                             DATE
```

IPA Forschung und Praxis
Schriftenreihe aus dem Institut für Produktionstechnik und Automatisierung, Stuttgart

Herausgeber: Prof. Dr.-Ing. H. J. Warnecke

IPA Forschung und Praxis

Berichte aus dem Fraunhofer-Institut für Produktionstechnik und
Automatisierung, Stuttgart, und dem Institut für Industrielle Fertigung
und Fabrikbetrieb der Universität Stuttgart

Herausgeber: Prof. Dr.-Ing. H. J. Warnecke

IPA-IAO Forschung und Praxis

Berichte aus dem Fraunhofer-Institut für Produktionstechnik und
Automatisierung (IPA), Stuttgart, Fraunhofer-Institut für Arbeitswirtschaft
und Organisation (IAO), Stuttgart, und Institut für Industrielle Fertigung
und Fabrikbetrieb der Universität Stuttgart

Herausgeber: Prof. Dr.-Ing. H. J. Warnecke und Prof. Dr.-Ing. H.-J. Bullinger

Die Bände sind im Erscheinungsjahr und in den folgenden drei Kalenderjahren zu beziehen durch den örtlichen Buchhandel oder durch Lange & Springer, Otto-Suhr-Allee 26-28, 10585 Berlin 10.